高等职业教育建筑设计类专业系列教材

U0737697

建筑装饰设计

主　编　吴　锐

副主编　汪　帆　刘　严

参　编　裴　兵　周　芬　张　娜

　　　　刘　斌　李诗恕

机 械 工 业 出 版 社

本书根据建筑装饰技术专业的教学大纲编写，全书共分为 12 章，主要内容有：建筑装饰设计绪论、建筑装饰设计基础知识、室内空间设计、室内色彩设计、室内光环境设计、室内景观设计、家居空间设计、商业购物空间设计、展示空间设计、餐饮空间设计、办公空间设计和娱乐空间设计。

本书可作为高职高专建筑装饰技术专业教材，也可作为建筑装饰企业项目经理、施工人员、设计人员的岗位培训教材和实用参考书。

图书在版编目（CIP）数据

建筑装饰设计/吴锐主编. —北京：机械工业出版社，2011.9（2022.9 重印）
高等职业教育建筑设计类专业系列教材
ISBN 978-7-111-34568-8

Ⅰ.①建… Ⅱ.①吴… Ⅲ.①建筑装饰–建筑设计 Ⅳ.①TU238

中国版本图书馆 CIP 数据核字（2011）第 185574 号

机械工业出版社（北京市百万庄大街 22 号 邮政编码 100037）
策划编辑：王靖辉 覃密道 责任编辑：王靖辉 覃密道 郑 佩
版式设计：霍永明 责任校对：张晓蓉
封面设计：饶 薇 责任印制：单爱军
北京虎彩文化传播有限公司印刷
2022 年 9 月第 1 版第 7 次印刷
184mm×260mm · 13 印张 · 305 千字
标准书号：ISBN 978-7-111-34568-8
定价：48.00 元

电话服务　　　　　　　　　网络服务
客服电话：010-88361066　　机 工 官 网：www.cmpbook.com
　　　　　010-88379833　　机 工 官 博：weibo.com/cmp1952
　　　　　010-68326294　　金 书 网：www.golden-book.com
封底无防伪标均为盗版　机工教育服务网：www.cmpedu.com

前　言

随着建筑业的快速发展，以及人们对物质和精神需求的不断增长，我国的建筑装饰业发展极为迅速。1994年，建筑业的体系划分由原来的"勘察设计业、土木建筑业、设备安装业"更改为"勘察设计业、建筑安装业、装饰装修业"。据调查，建筑装饰行业年工程产值估计在5500亿元人民币左右，其中公共装修2500亿元，家庭装修3000亿元。建筑装饰业作为一个崭新的行业，已在国民经济中占有了重要的地位，而家庭装修业也以占国民经济产值3.6%的比例快速发展。

21世纪，建筑装饰业的科技含量在迅速增加，智能建筑、节能建筑、环保建筑已经逐步普及，以人为本的设计理念也已逐渐成熟。随着建筑装饰业的发展和职业教育的推进，本专业的发展前景良好。

在整个教学建设中，教师队伍建设、课程建设、教材建设只有真正适应职业岗位对学生的知识结构与应用能力要求，才能培养出社会急需的高素质技能型专门人才。高等职业教育应以应用能力培养为核心，彻底改变过去以知识和概念为主的理论教育模式，推行注重实际操作能力的教育模式。

在本教材出版之际，我们感谢各高校专家教授的辛勤指导，感谢参加教材编写的一线教师孜孜不倦的劳作。本书分为12章，由湖北城市建设职业技术学院吴锐任主编，湖北城市建设职业技术学院汪帆和刘严任副主编。编写分工如下：第1章由武汉软件工程职业学院李诗恕编写；第2章由吴锐、汪帆共同编写；第3章由刘严、长江职业技术学院裴兵共同编写；第4章由汪帆编写；第5章由李诗恕、吴锐共同编写；第6章由华中农业大学楚天学院张娜编写；第7章由湖北经济学院刘斌编写；第8章由汪帆、刘斌共同编写；第9章由刘严、张娜共同编写；第10章由武汉生物工程学院周芬编写；第11章由吴锐、周芬共同编写；第12章由刘严、裴兵共同编写。

由于编者水平有限，书中的错误和不当之处在所难免，敬请广大读者批评指正。

编　者

目　录

第 1 章 建筑装饰设计绪论

1.1 建筑装饰设计的含义及作用

1.1.1 建筑装饰设计的含义

建筑装饰是建筑的有机组成部分,是建筑的延续和深化。建筑装饰设计是在建筑设计完成的基础上,通过巧妙的构思和丰富多变的设计技巧,利用特殊方法和现代材料改变建筑设计中的缺陷和不足,进一步创造建筑内部及外部的具体空间关系和环境。建筑装饰设计在现有的建筑空间里拓展了视觉空间,是构成人为空间的技术手段,同时满足人们对内外空间的心理要求,创造出难以区分的模糊空间形态,减弱室内与室外空间在人们心理上的界限。在建筑环境创造中,强调自然生态美装饰,软化环境空间,改善"小气候"。"以人为本,环保至上,设计自然化"日趋成为建筑装饰设计的新理念。

建筑装饰设计运用艺术设计手法、装饰材料和装饰技术,创造出功能合理,符合人们生理和心理需求以及精神和物质要求的舒适、美观的理想空间,强调人、建筑和环境三者的关系。在这三者的相互作用过程中,地理环境因素、建筑功能因素和建筑装饰设计语言所含文化因素以及人类的心理因素都起着各自不同的作用。

1.1.2 建筑装饰设计的作用

1. 满足基本生理需要

在人类的生存活动中,生理需要无疑是最基本、最直接,也是首先要满足的要求。为了抵御来自自然界包括恶劣天气和灾害在内的威胁,为了不受他人的侵扰,拥有一个安全、舒适而有益健康的空间是人们的必然需求。而且,人们需要用餐和休息,需要避免可能伤害自己的危险发生,需要隔离噪声污染、光污染、细菌污染和空气污染等。

建筑装饰设计可满足上述要求。处理使用环境空间的功能,关注和解决空气质量、人体舒适度与温度湿度以及声环境等问题。建筑装饰设计可针对使用者的需要,设身处地为使用者着想,为使用者提供既舒适又方便实用的住所。

2. 确保安全与私密性需要

建筑安全问题是一项国际性的课题,因此建筑装饰设计要确保使用者的安全,有利于使用者的身心健康,并具有一定的私密性。其所涉及的内容包括:

1) 保持建筑结构构件的完整性和安全性。大量事例说明,随意拆改原住宅的建筑结构，如承重墙，将严重损害其结构性能，有可能带来重大的安全隐患。

2）防止装饰构造坠落坍塌。确保室内装修所做吊顶及隔墙构造的牢固，确保吊灯等其他悬挂装饰结构的牢固可靠。

3）防止地面材料过滑摔伤人。

4）确保栏杆的牢固可靠。落地窗和飘窗护栏、楼梯扶手等安全装置应达到要求的高度及荷载标准。

5）确保燃气装置、电器设施、上下水系统等室内设备的安全可靠。

6）采用通过国家标准验证的、甲醛等有害物质排放低于国家标准的绿色环保型装饰材料，防止装饰材料对人体的伤害。

7）装修的安全细节同样不可忽视。避免装饰构造尖角及锋口的出现，防止柜门、门窗夹手，以及未妥善加工处理的玻璃立边、石材或瓷砖的立边伤人。

建筑装饰设计需考虑到每一个安全细节，以使居住空间能满足人们的安全需要。这种安全需要不仅是物质上的，还包括精神上的私密感和安全感。譬如利用性能良好的隔声材料和色彩温暖的双层窗帘，以保证隔离室外噪声和光污染，从而营造出宁静的个人私密空间。

3. 体现形式美与个性化

对环境空间进行布置和装饰几乎是人们与生俱来的习惯。建筑装饰设计在发展过程中，重点已由原来的室内装饰转向空间规划、使用功能和结构设计，如音响与照明设计等。建筑装饰设计离不开新材料、新技术的发展，在关注建筑功能需求的同时，还应强调其形式美和个性的张扬。建筑装饰设计能满足不同收入阶层，不同文化水平人群的需要，将美学和心理学等方面的需求综合起来考虑。通过装饰设计，将美的创意表现出来，让美充满整个空间，为人们提供优美的居住环境。

尽管美的标准难以统一，但根据不同的经济投入和不同的标准，可创造多种类型、风格各异、富有个性的环境空间。

1.2 建筑装饰设计的内容及分类

1.2.1 建筑装饰设计的内容

建筑装饰设计是一项涉及面很广的艺术与技术的综合体。传统的建筑装饰设计的基本内容概括如下：

1. 空间规划设计

从空间的组织和人的活动流线出发，根据人的使用和活动特点，对室内空间的尺度和比例进行调整，并解决好功能空间之间的衔接、过渡、对比和统一等问题，从而有效地利用空间，满足人们的生活和精神需求。这是建筑装饰设计的前提和基础。

2. 空间围护界面设计

根据空间设计的总体构想，确定对空间围护界面的处理方法，如墙面、地面、顶棚等的材料、色彩、图案、纹理及做法，这是建筑装饰设计的主要内容。

3. 室内陈设设计

室内陈设设计主要是对室内的家具、设备、装饰织物、室内绿化和工艺品陈设等的选配进行设计，其设计方式主要有自行设计和选购成品两种。

4. 室内物理环境设计

室内物理环境设计包括采光、灯光、通风和湿度等涉及人们使用的物理环境以及水电设施的设计。

5. 相应的室外环境设计

室外环境设计主要涉及一些豪宅、别墅以及有私家花园的住宅空间。

1.2.2　建筑装饰设计的分类

建筑装饰设计按建筑类别划分，可分为工业建筑装饰设计、民用建筑（包括公共建筑，其他民用建筑如居住建筑）装饰设计、构筑物（烟囱、贮水池等）装饰设计；按规划空间不同划分，可分为室外（包括建筑外部和建筑外部环境）装饰设计与室内装饰设计两大类。另外也可按使用功能划分。使用功能不同，建筑装饰设计要求必然不同。例如纪念性建筑和宗教建筑等有特殊功能要求的主厅，对纪念性、艺术性、文化内涵等精神功能的设计方面的要求就比较突出；而工业、农业等生产性建筑的车间和用房，相对地对生产工艺流程以及室内物理环境（如温湿度、光照、设施、设备等）的创造方面的要求较为严密，即所谓设计的"功能定位"。另外，室内与室外空间环境不同，建筑装饰设计要求也必然不同。例如露台上设计葡萄架，由于室外阳光充裕，可利用大面积的绿色植物进行装饰；而室内只能放置少许植物做点缀，使设计自然化。本课程以室内设计为主。

1.3　建筑装饰设计的发展过程及流派

1.3.1　建筑装饰设计的发展过程

建筑装饰设计的发展主要是以家具、装饰风格、哲学思想以及美学观念等的发展演变为线索的。我国建筑装饰设计演变的过程，可以分为三个阶段：

1. 以艺术和宗法制度为中心的建筑装饰设计

在封建社会，我国建筑的装饰以宗法制度为核心，在材料上以木材为主，用色具有严格的等级制度。就室内布置而言，厅堂一般采用对称的手法，以求得端庄稳健的效果。室内陈设常常融入书法、绘画、古董和盆景等艺术品，体现出中国传统文化的书香气息。

2. 东西方两种装饰风格并存时期

这一时期主要是从鸦片战争以后到新中国成立以前。鸦片战争以后，西方建筑装饰设计思潮开始进入中国，中国也不断派留学生到国外去，并不断地把西方文化带回中国。从现存的20世纪20～30年代的建筑装饰设计可以看出，许多住宅的室内装修整体上仍然沿用中式的传统风格，同时又把具有西方装饰风格的罗马柱、沙发等装饰元素带到室内，呈现出东西方风格同时存在、互相交融的现象。

3. 现代建筑装饰设计

中国现代的建筑装饰设计开始于20世纪80年代,之后逐步发展。20世纪70年代以前,人们一直为温饱所困扰,无法谈及生活质量的追求,居住空间设计也一直停滞不前。20世纪80年代后,人们的生活有了好转,开始注重生活的质量,讲究地面材质,采用粉刷墙壁等方式美化居住环境,但还谈不上设计。20世纪90年代以来,随着经济的发展,人们对生活的质量提出了更高的要求,同时,西方先进的建筑装饰设计思想和潮流被不断引入中国,建筑装饰设计迅猛发展,新型材料层出不穷,设计的风格也已经从实用为主变化为实用、个性、艺术追求等多元思想共存。

1.3.2 建筑装饰设计的流派

建筑装饰设计的流派是指建筑装饰设计的艺术派别。现代建筑装饰设计从所表现的艺术特点分析,主要有高技派、光亮派、白色派、新洛可可派、风格派、超现实派、解构主义派以及装饰艺术派等。

1. 高技派

高技派也称为重技派,突出当代工业技术成就,并在建筑形体和室内外环境设计中加以炫耀,崇尚"机械美",在室内外暴露梁板、网架等结构构件以及风管、线缆等各种设备和管道,强调工艺技术与时代感。高技派典型的实例为法国巴黎蓬皮杜国家艺术与文化中心。

2. 光亮派

光亮派也称为银色派,建筑装饰中夸耀新型材料及现代加工工艺的精密细致及光亮效果,往往大量采用镜面及平曲面玻璃、不锈钢、磨光的花岗石和大理石等作为装饰面材。在环境的照明方面,常使用各类新型光源和灯具,在金属和镜面材料的烘托下,形成光彩照人、绚丽夺目的环境。

3. 白色派

白色派的室内朴实无华,室内各界面以至家具等常以白色为基调,简洁明确。美国建筑师 R·迈耶设计的史密斯住宅及其室内就属于此派。R·迈耶的白色派建筑的室内,并不仅仅停留在简化装饰、选用白色等表面处理上,而是具有更为深层的构思内涵。设计师在室内环境设计时,综合考虑了室内活动着的人以及透过门窗可见的变化着的室外景物,由此,从某种意义上讲,室内环境只是一种活动场所的"背景",从而在装饰造型和用色上不作过多渲染。

4. 新洛可可派

洛可可原为18世纪盛行于欧洲宫廷的一种建筑装饰风格,以精细轻巧和繁复的雕饰为特征。新洛可可仰承了洛可可繁复的装饰特点,但装饰造型的"载体"和加工技术却运用现代新型装饰材料和现代工艺手段,从而具有华丽而略显浪漫、传统中仍不失有时代气息的装饰氛围。

5. 风格派

风格派起始于20世纪20年代的荷兰,是以画家 P·蒙德里安等为代表的艺术流派,强调"纯造型的表现","要从传统及个性崇拜的约束下解放艺术"。风格派认为"把生活环境抽象化,这对人们的生活就是一种真实",所以风格派的装饰设计在色彩及造型方面都具有极为鲜明的特征与个性。他们对环境装饰和家具经常采用几何形体以及红、黄、蓝三原色,间或以黑、灰、白等色彩相配置;对建筑室内外空间采用内部空间与外部空间穿插统一构成一体的手法,并以屋顶、墙面的凹凸和强烈的色彩对块体进行强调。

6. 超现实派

超现实派追求所谓超越现实的艺术效果,在空间布置中常采用异常的空间组织,曲面或具有流动弧形线型的界面,浓重的色彩,变幻莫测的光影,造型奇特的家具与设备,有时还以现代绘画或雕塑来烘托超现实的环境气氛。超现实派的设计风格适用于具有视觉形象特殊要求的某些展示或娱乐环境空间。

7. 解构主义派

解构主义是 20 世纪 60 年代,以法国哲学家 J·德里达为代表所提出的哲学观念,是对 20 世纪前期欧美盛行的结构主义和理论思想传统的质疑和批判。建筑和室内设计中的解构主义派对传统古典和构图规律等均采取否定的态度,强调不受历史文化和传统理性的约束,是一种突破传统形式构图,用材粗放的流派。

8. 装饰艺术派

装饰艺术派起源于 20 世纪 20 年代在法国巴黎召开的一次装饰艺术与现代工业国际博览会,后流传至美国等各地,如美国早期兴建的一些摩天楼就采用这一流派的手法。装饰艺术派善于运用多层次的几何线型及图案,重点装饰建筑内外门窗线脚、檐口及建筑腰线、顶角线等部位。

当今社会是从工业社会逐渐向后工业社会和信息社会过渡的时代,人们对自身周围环境的需要除了物质功能和满足使用要求之外,更注重对环境氛围、文化内涵、艺术水平等精神功能的需求。装饰设计应融合不同的艺术风格,满足不同个体的装饰意愿,并在此过程中产生新的艺术风格和流派。

1.4　建筑装饰设计课程的学习目标及学习方法

1.4.1　建筑装饰设计课程的学习目标

建筑装饰设计是对环境艺术设计专业学生进行室内设计专业理论体系与设计实践等多元化培养教育的课程。它遵循严格的科学程序,广义上是指从设计构思到工程实施完成全过程中接触到的所有内容安排;在狭义上仅限于设计者将头脑中的想法落实在工程图纸上的内容安排。

1. 课程总体目标

通过该课程的学习,使学生深入理解建筑的空间特性,掌握室内设计的知识与技能,熟悉各种建筑室内空间环境的设计及表现技巧,具备较高的创造性和综合设计能力。

2. 知识要求

熟悉室内设计理论和设计表现方法等,包括美术史、美术基础、表现图绘制、计算机空间模拟、采光与照明等知识，并了解构造、材料、设备等相关知识。

3. 能力要求

培养学生独立工作的能力和创新能力，树立正确的建筑室内空间环境艺术设计观念，使学生具备综合运用装饰材料、新技术、新工艺的能力。

1.4.2 建筑装饰设计的学习方法

本课程是一门综合性比较强的课程，需要掌握建筑装饰设计的基本原理和规律，掌握设计的方法并能进行设计实践。因此，在学习中要注意掌握正确、有效的学习方法，才能达到事半功倍的效果。

1）从学习伊始就要树立正确的建筑装饰设计观。

2）欣赏和临摹学习大量优秀的室内设计作品，特别是名师、名家的优秀作品。

3）实行理论知识学习与设计实践学习相结合的原则，在学习理论知识的过程中贯穿设计实例，边学习理论知识边进行设计实践活动。

4）在设计课程中始终坚持进行室内设计程序及方法的反复训练。

5）贯彻系统性和循序渐进的学习原则，由浅入深、由易到难、由简到繁。

思 考 题

1. 简述建筑装饰设计的目的和作用。
2. 建筑装饰设计的内容有哪些?
3. 简述建筑装饰设计的主要流派和发展过程。
4. 如何才能学好建筑装饰设计这门课程?
5. 写一篇关于《我对当前建筑装饰设计的看法》的读书笔记。

参 考 文 献

[1] 来增详，陆震纬. 室内设计原理：上册 ［M］. 北京：中国建筑工业出版社，1996.

[2] 刘伟平. 住宅室内设计 ［M］. 北京：中国建筑工业出版社，2007.

[3] 吴龙声. 建筑装饰设计 ［M］. 北京：中国建筑工业出版社，2004.

第2章 建筑装饰设计基础知识

2.1 人体工程学与建筑装饰设计

2.1.1 人体工程学概述

人体工程学也称为人类工程学或人类工学。

按照国际工效学会所下的定义，人体工程学是一门"研究人在某种工作环境中的解剖学、生理学和心理学等方面的各种因素；研究人和机器及环境的相互作用；研究在工作中、家庭生活中和休假时怎样统一考虑工作效率、人的健康、安全和舒适等问题的科学"。

人体工程学起源于欧美国家，起初是由于在工业社会中大量生产和使用机械设备，为探求人与机械之间的协调关系而产生的，作为独立学科已有几十年的历史。第二次世界大战中开始将人体工程学的原理和方法运用于军事技术，比如在飞机、坦克的内舱设计上尽可能做到使人长时间地在小空间内能够减少疲劳，处理好人—机—环境的协调关系。第二次世界大战以后，各国把人体工程学的实践和研究成果迅速有效地运用到空间技术、工业生产、建筑及室内设计中，并于1960年创建了国际人体工程学协会。在以人为主体的今天，更应该运用人体工程学主动地、高效率地支配生活环境。

2.1.2 人体工程学与空间装饰设计

从装饰设计的角度来说，人体工程学的主要功用在于通过对生理与心理的正确认识，使环境因素适应人类生活活动的需要，进而达到提高环境质量的目标。人体工程学的重心完全放在"人"的上面，根据人的体能结构、心理形态和活动需要等综合因素，充分运用科学的方法，通过合理的空间设计与室内家具的设计，达到使人在室内的活动高效、安全和舒适的目的。

2.1.3 人体尺度

人体尺度是人体工程学研究的最基本的数据之一。人体尺寸可以分为构造尺寸和功能尺寸两类。

1. 构造尺寸

构造尺寸是指静态的人体尺寸，它是人体处于固定的标准状态下测量的。可以测量许多不同的标准状态和不同部位，如手臂长度、腿长度、坐高等。构造尺寸与跟人体有直接关系的物体产生较大的关系，如家具、服装和手动工具等，如图 2-1 和图 2-2 所示。

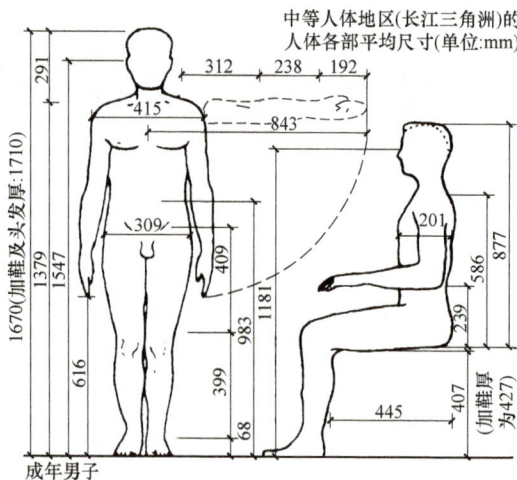

图 2-1 成年男子基本尺度

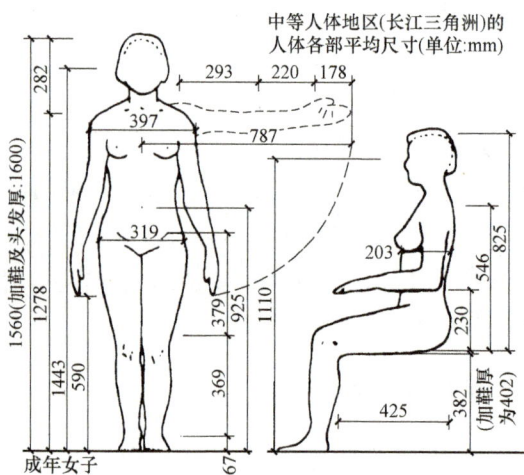

图 2-2 成年女子基本尺度

2. 功能尺寸

功能尺度是指动态的人体尺寸，是人在进行某种功能活动时肢体所能达到的空间范围。它是在动态的人体状态下测得的，是由关节的活动、转动所产生的角度与肢体的长度协调产生的范围尺寸。它对于解决许多有空间范围和位置限制的问题很有用。虽然构造尺寸对某些设计很有用处，但功能尺寸对于大多数的设计问题可能更适用。因为人总是在运动着，也就是说人体结构是活动的、可变的结构，而不是固定不动的结构。

在装饰空间设计中必须考虑人的身高、体重、坐高、臀部至膝盖长度、臀部的宽度、膝盖高度、大腿厚度、臀部至膝弯长度及肘间宽度等数据，如图 2-3 所示。

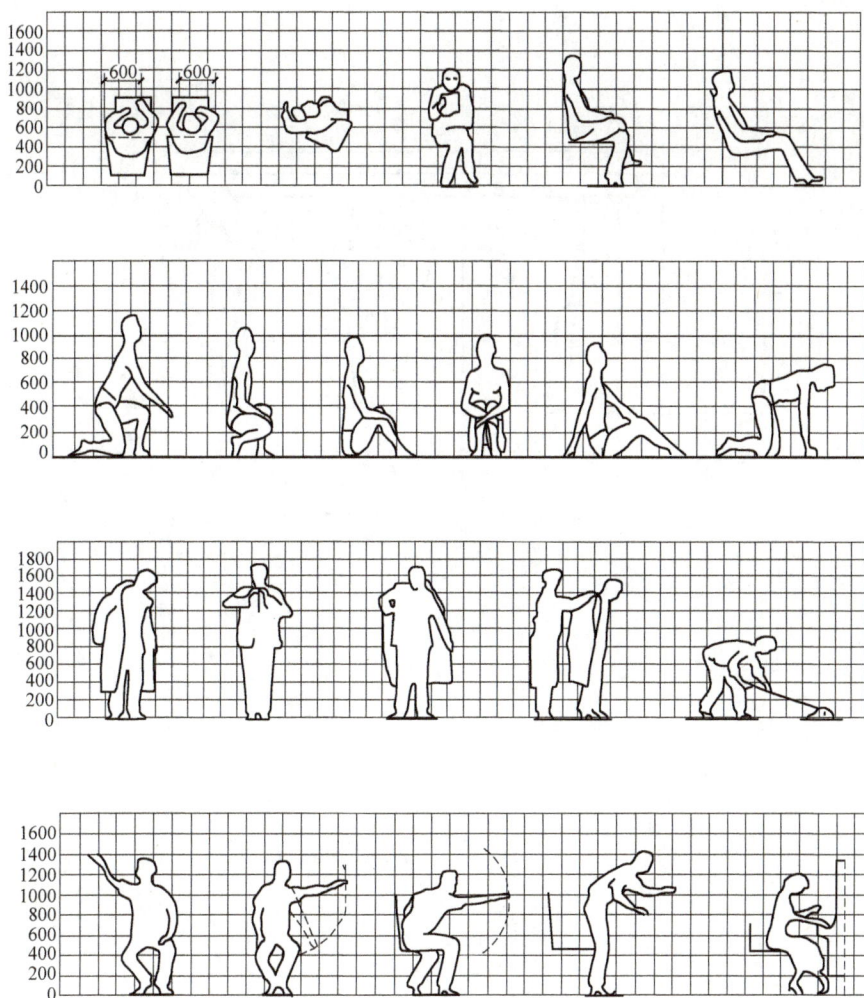

图2-3 室内设计常用的人体功能尺寸

2.1.4 人体尺度与空间设计

空间设计是建立在人与空间相互作用的基础上的。按照空间的性质来划分，可以分为居住空间、办公空间、商业购物空间、餐饮空间和娱乐健身空间等。

1. 居住空间

居住空间中人体尺度与空间的关系有以下几点，如图2-4～图2-10所示：

1）客厅沙发的尺度以及沙发与茶几的距离尺度关系。

2）坐在餐桌上进餐的人与人之间的距离。

3）厨房里人进行操作时的功能尺寸，以及人流通道的尺度关系。

4）卧室中单人床和双人床的尺度。

5）卫生间里人的功能尺度，以及人流通道的尺度关系。

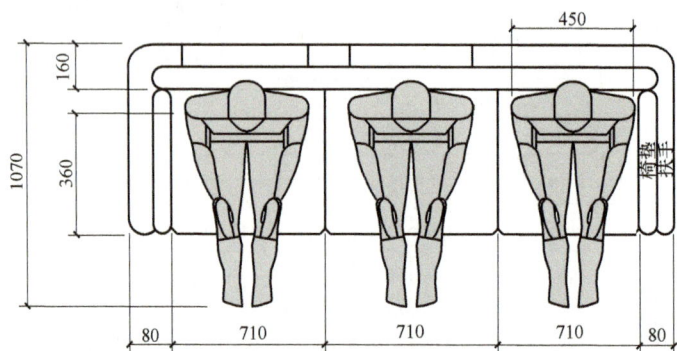

图 2-4　起居室人体尺度（一）

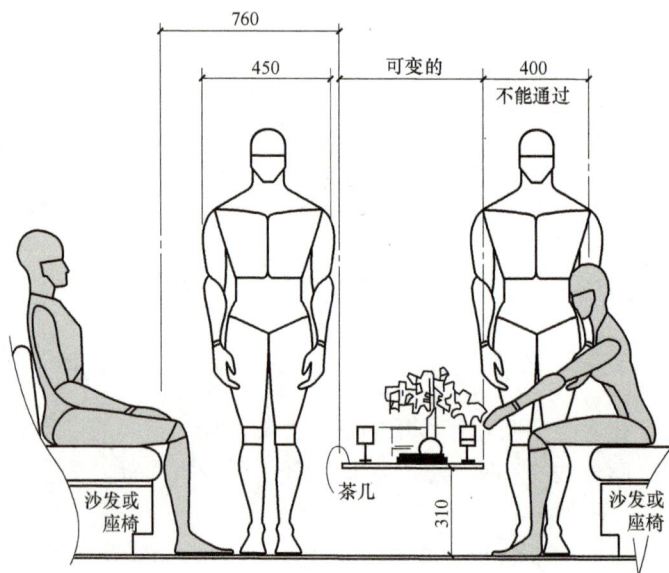

图 2-5　起居室人体尺度（二）

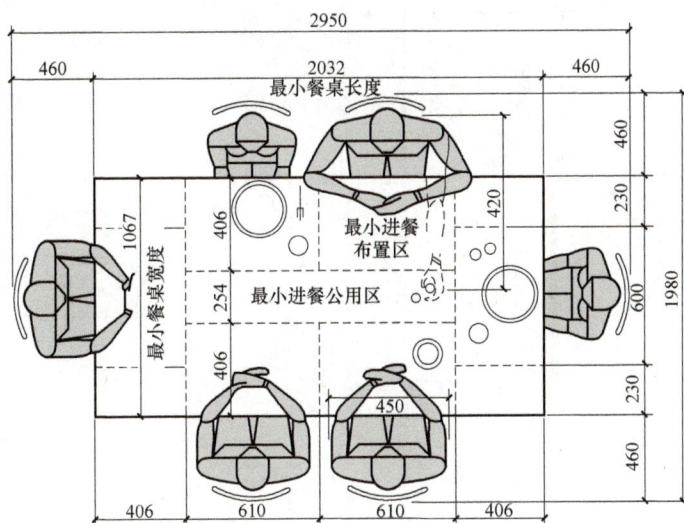

图2-6　餐厅人体尺度（一）

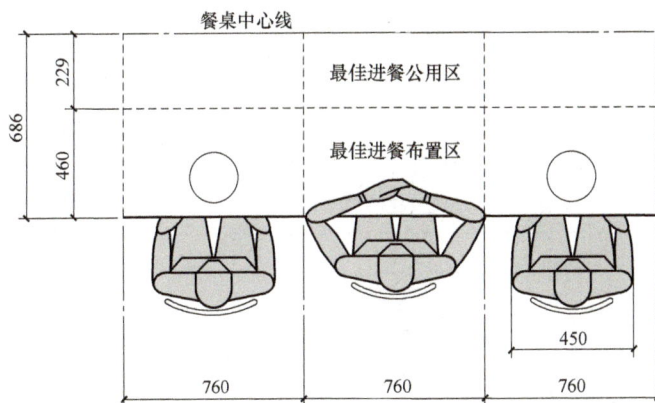

图2-7　餐厅人体尺度（二）

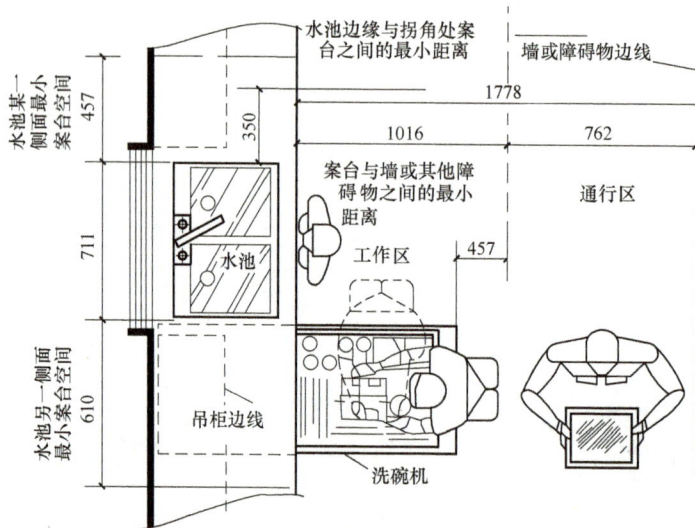

图2-8　厨房人体尺度

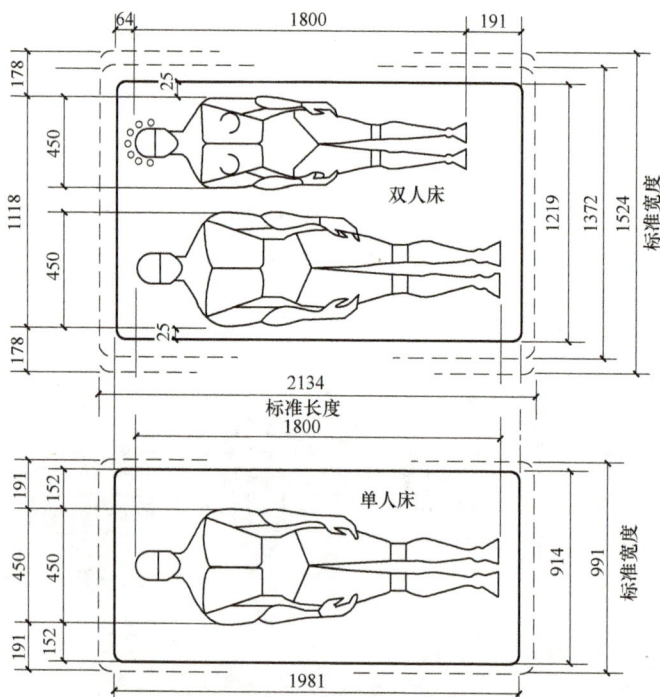

图2-9　卧室人体尺度

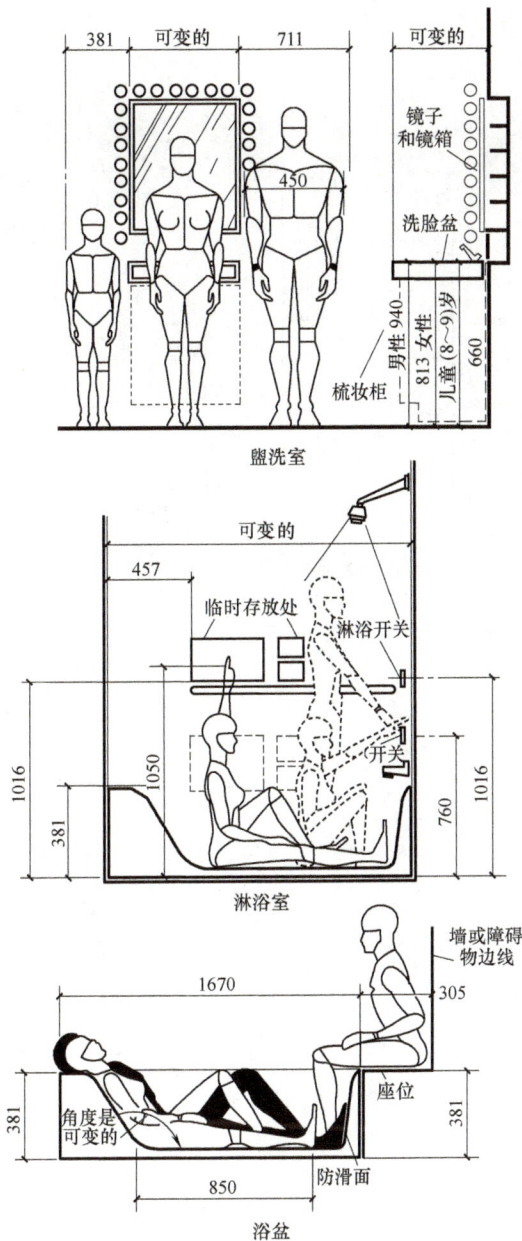

图 2-10 卫生间人体尺度

2. 办公空间

办公空间人体尺度与空间的关系有以下几点，如图 2-11、图 2-12 所示：

1）座椅的舒适度问题。

2）设有来访者用椅工作空间的尺度关系。

3）设有文件柜的工作空间的尺度关系。

4）相邻的工作空间或 U 形工作空间的尺度关系。

5）行走通道的尺度要求。

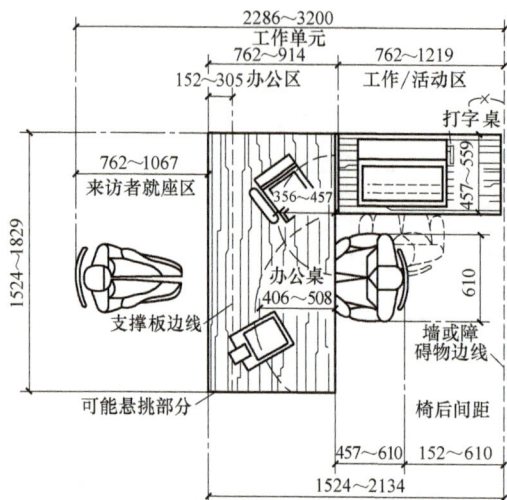

设有来访者用椅的基本工作单元(平面图)

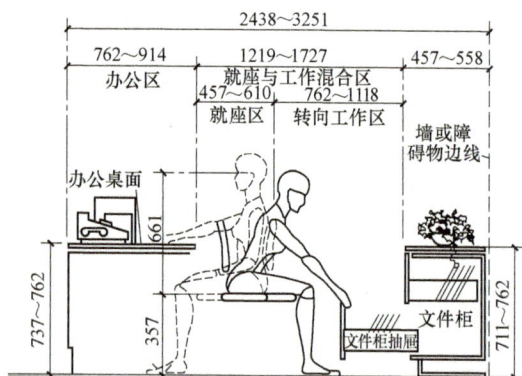

设有文件柜的工作单元

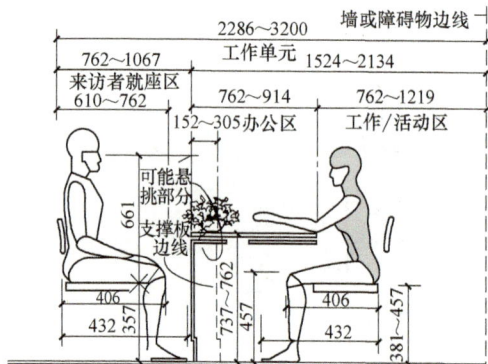

设有来访者用椅的基本单元(立面图)

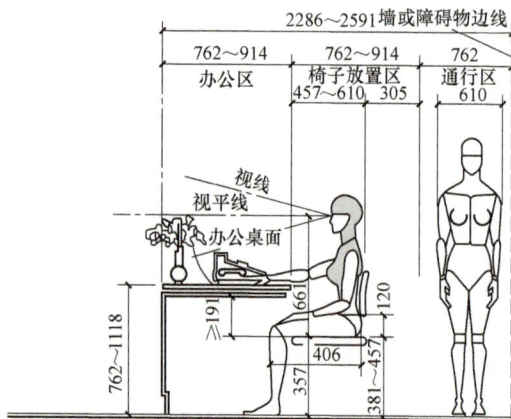

可通行的基本工作单元

图 2-11　办公空间尺寸（一）

3. 商业购物空间

商业购物空间人体尺度与空间的关系有以下几点，如图 2-13 ~ 图 2-15 所示：

1）商场入口空间的尺度。

2）商场陈列柜架与通道空间的尺寸关系。

3）陈列柜架的高度与人的站立时视域的关系。

4）陈列货架要考虑所展示商品的长、宽、高尺度。

5）货架的上部和下部存放空间要考虑人的动作尺度。

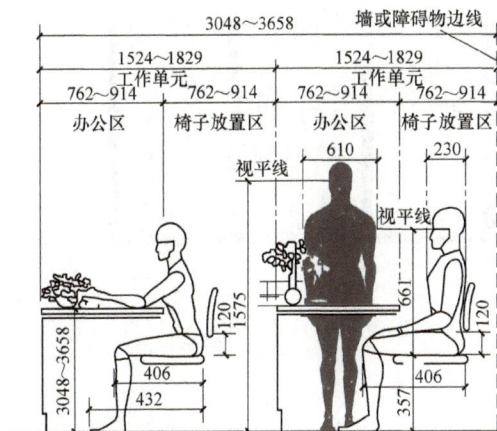

相邻工作单元(成排布置)

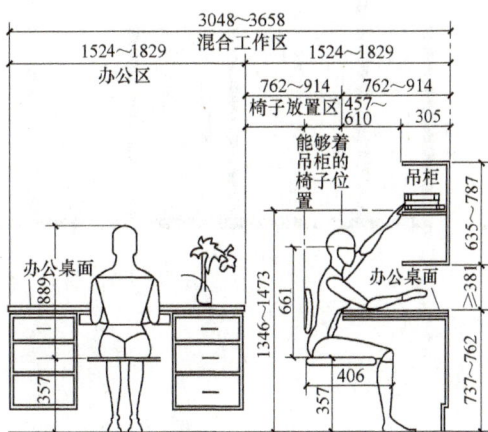

设有吊柜的基本工作单元

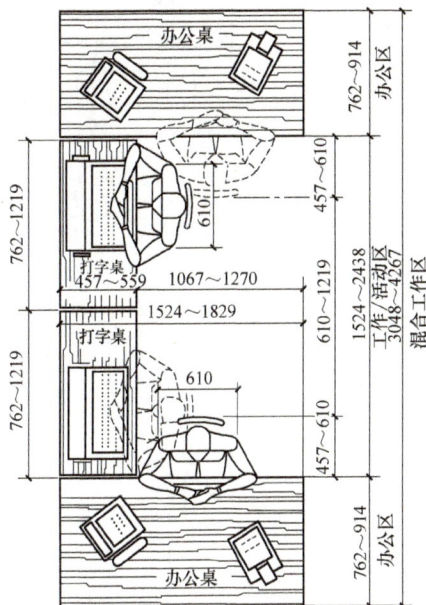

相邻工作单元(U形布置)

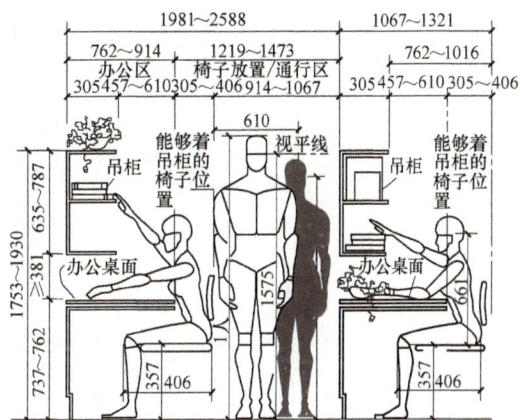

设有吊柜的基本工作单元(成排布置)

图2-12　办公空间尺寸（二）

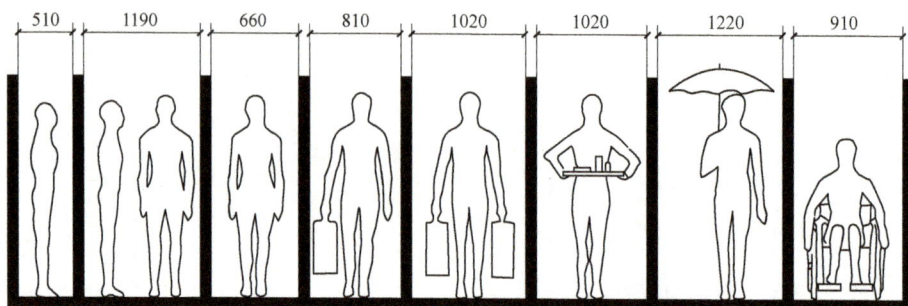

图 2-13　商业入口空间尺寸

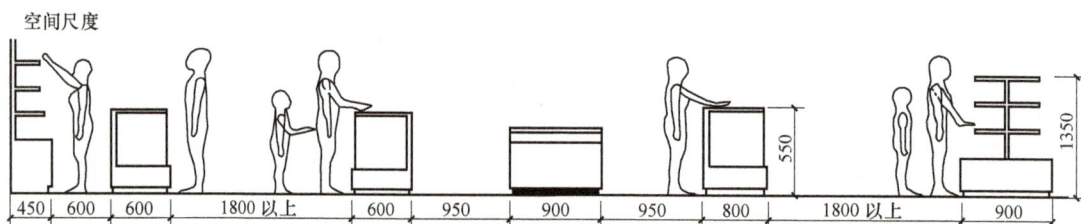

图 2-14　商业购物空间尺寸（一）

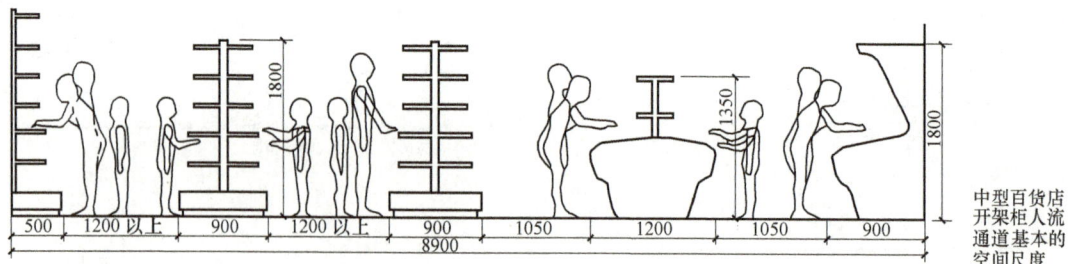

图 2-15　商业购物空间尺寸（二）

4. 餐饮空间

餐饮空间人体尺度与空间的关系有以下几点，如图 2-16 所示：

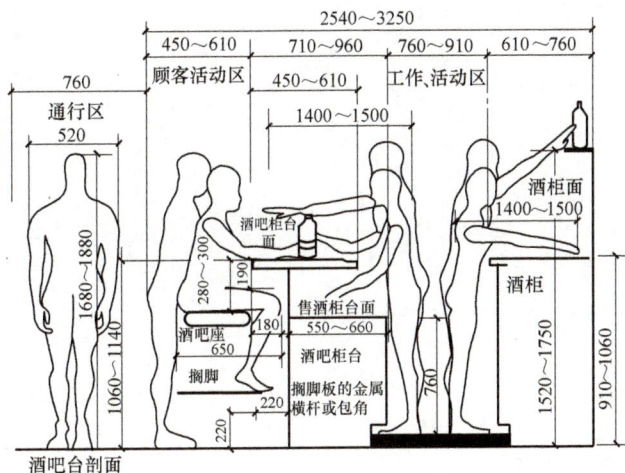

图 2-16 餐饮空间尺寸

1) 餐桌大小与进餐人数。

2) 客席区中主通道次通道的尺度，并符合客人进餐时的人流方向和捷径。

3) 吧台、服务台内工作人员的活动空间尺度要求。

4) 服务员端盘出口的通道尺寸与最佳路线。

5) 吧台高度与吧凳高度的关系。

5. 娱乐健身空间

娱乐健身空间人体尺度与空间的关系有以下几点，如图 2-17 所示：

1) 舞蹈与体操练习室水平方向上人与人的尺度关系。

2) 舞蹈与体操练习室所需室内净高度。

3) 各种体育健身器材与人体尺度的关系。

4) 人的流通距离。

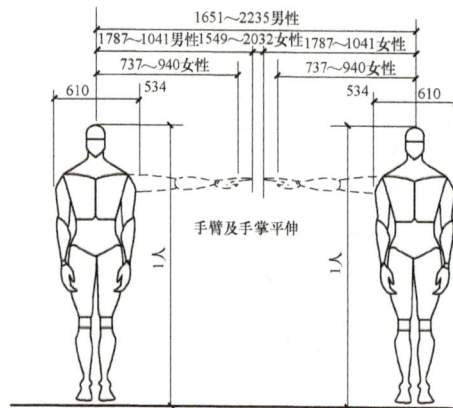

1651～2235男性
1787～1041男性1549～2032女性1787～1041女性
737～940女性 737～940女性
610 534 534 610
手臂及手掌平伸
1人 1人
体操所需最小间距

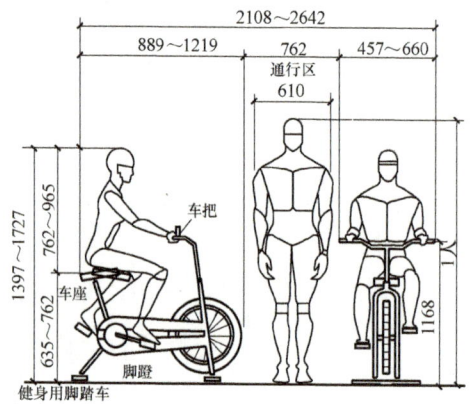

2108～2642
889～1219 762 457～660
通行区 610
1397～1727 762～965
车把
车座
635～762
脚蹬 1168
健身用脚踏车

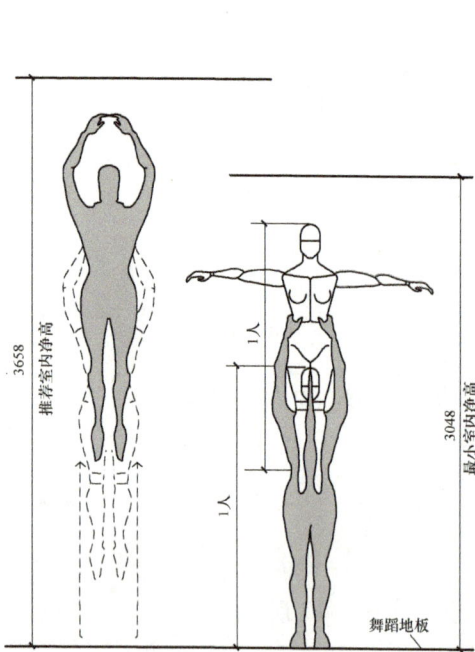

推荐室内净高 3658
舞蹈地板
1人
1人
最小室内净高 3048
舞蹈与体操练习室所需室内净高

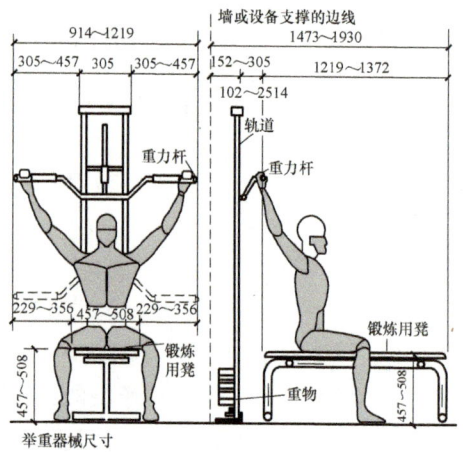

墙或设备支撑的边线
914～1219 1473～1930
305～457 305 305～457 152～305 1219～1372
102～2514
轨道
重力杆 重力杆
229～356 457～508 229～356
锻炼用凳
457～508 重物 457～508
锻炼用凳
举重器械尺寸

图 2-17　娱乐健身空间尺寸

2.2　环境心理学与建筑装饰设计

2.2.1　环境心理学概述

环境心理学是研究环境与人的行为之间相互关系的学科，它着重从心理学和行为的角度，探讨人与环境的最优化，即怎样的环境是最符合人们心愿的。环境心理学是一门新兴的综合性学科，它与多门学科，如医学、心理学、环境保护学、社会学、人体工程学、人类学、生态学以及城市规划学、建筑学和室内环境学等密切相关。环境心理学非常重视生活于人工环境中人们的心理倾向，把选择环境与创建环境相结合，着重研究下列问题：

1）环境和行为的关系。

2）怎样进行环境的认知。

3）环境和空间的利用。

4）怎样感知和评价环境。

5）在已有环境中人的行为和感觉。

对室内设计来说，上述各项问题的基本点即是如何组织空间，设计好界面、色彩和光照，处理好室内环境，使之符合人们的心愿。

2.2.2　室内环境中人的心理与行为

人在室内环境中，尽管其心理与行为有个体之间的差异，但从总体上分析仍然具有共性，具有以相同或类似的方式做出反应的特点，这也正是我们进行设计的基础。下面列举几项室内环境中人的心理与行为方面的情况：

（1）领域性与人际距离　领域性原是动物在环境中为取得食物、繁衍生息等所产生的一种适应生存的行为方式。人与动物在语言表达、理性思考、意志决策与社会性等方面有本质的区别，但人在室内环境中的生活和生产活动也总是力求不被外界干扰或妨碍。不同的活动有不同的生理和心理范围与领域，人们不希望轻易地被外来的人与物所打破。

室内环境中，个人空间需要与人际交流、接触时所需的距离统筹考虑。人际接触实际上根据不同的接触对象和在不同的场合，距离上各有差异。科学家以动物的环境和行为的研究经验为基础，提出了人际距离的概念，并根据人际关系的密切程度和行为特征确定人际距离分为密切距离、人体距离、社会距离和公众距离。每类距离中，根据不同的行为性质再分为接近相与远方相。例如在密切距离中，对对方有可嗅觉和辐射热感觉为接近相；可与对方接触握手为远方相。对于不同民族、宗教信仰、性别、职业和文化程度等，人际距离也会有所不同。

（2）私密性与尽端趋向　如果说领域性主要体现在空间范围，则私密性更涉及在相应空间范围内包括视线和声音等方面的隔绝要求。私密性在居住类室内空间中要求尤为突出。

在日常生活中人们可以非常明显地观察到，集体宿舍中先进入宿舍的人，如果允许挑选床位的话，总愿意挑选位于房间尽端的床铺，可能是由于生活和就寝时相对较少受到干扰。

同样情况也见于就餐时人们对餐厅中餐桌座位的挑选。相对地，人们最不愿意选择进门处及人流频繁通过的座位。餐厅中靠墙卡座的设置，由于在室内空间中形成了更多的"尽端"，也就更符合人们就餐时"尽端趋向"的心理需求。

（3）依托的安全感 生活和活动在室内空间的人们，从心理感受来说，并不是空间越开阔、越宽广越好，通常在大型室内空间中，人们更愿意有物体所"依托"。在火车站和地铁车站的候车厅或站台上，人们并不倾向于停留在最容易上车的地方，而是相对散落地汇集在厅内和站台上的柱子附近，适当地与人流通道保持距离。因为这样使人们感到有所"依托"，更具安全感。

（4）从众与趋光心理 从一些公共场所内发生的突发事故中可以观察到，紧急情况时，人们无心注视标志及文字的内容，而是往往会盲目跟从人群中几个领头跑动的人，不管其去向是否安全。上述情况即属于从众心理。同时，人们在室内空间中活动时，具有从暗处向较明亮处流动的趋向，紧急情况时照明引导会优于文字的引导。

上述心理和行为现象提示设计者在创造公共场所室内环境时，首先应注意空间与照明等的导向。标志与文字的引导固然也很重要，但从紧急情况时的心理与行为来看，对空间、照明、音响等需予以高度重视。

（5）空间形状的心理感受 由各个界面围合而成的室内空间，其形状特征常会使活动于其中的人们产生不同的心理感受。著名建筑师贝聿铭先生曾对他的作品——具有三角形斜向空间的华盛顿艺术馆新馆有很好的论述。他认为三角形、多灭点的斜向空间常给人以动态和富有变化的心理感受。

2.2.3 环境心理学在室内设计中的应用

环境心理学原理在室内设计中的应用面极广，仅列举下述几点：

（1）室内环境设计应符合人们的行为模式和心理特征 例如现代大型商场的室内设计，顾客的购物行为已从单一的购物，发展为购物—游览—休闲—信息—服务等行为。购物要求尽可能接近商品，亲手挑选比较，由此自选及开架布局的商场并结合茶座、游乐、托儿等模式应运而生。

（2）认知环境和心理行为模式对组织室内空间的提示 从环境中接受初始刺激的是感觉器官，评价环境或做出相应行为反应的判断是大脑，因此，可以说"对环境的认知是由感觉器官和大脑一起进行工作的"。将认知环境与上述心理行为模式相结合，使设计者能够从使用功能和人体尺度等起始的基础上，进行组织空间、尺度范围和形状、光照和色调等更深入的设计。

（3）室内环境设计应考虑使用者的个性与环境的相互关系 环境心理学既从总体上肯定人们对外界环境的认知有相同或类似的反应，同时也十分重视作为使用者的人的个性对环境设计提出的要求，充分理解使用者的行为和个性，在塑造环境时予以充分尊重。同时，适当运用环境对人的行为的"引导"和对个性的影响，甚至在一定程度上"制约"人的行为，从而在设计中掌握合理的尺度。

2.3　建筑装饰设计的方法和程序

2.3.1　建筑装饰设计的方法

1. 大处着眼、细处着手，总体与细部深入推敲

大处着眼，即是如第 1 章中所叙述的，建筑装饰设计应考虑的几个基本观点，这样在设计时思考问题和着手设计的起点就高，有一个设计的全局观念。细处着手是指具体进行设计时，必须根据建筑的使用性质，深入调查、收集信息，掌握必要的资料和数据，从最基本的人体尺度、人流动线、活动范围和特点、家具与设备等的尺寸和使用它们所需要的空间等着手。

2. 从里到外、从外到里，局部与整体协调统一

建筑师 A·依可尼可夫曾说："任何建筑创作，应是内部构成因素和外部联系之间相互作用的结果，也就是'从里到外'、'从外到里'。"室内环境的"里"，以及和这个室内环境连接的其他室内环境，以至建筑室外环境的"外"，它们之间有着相互依存的密切关系。室内环境需要与建筑整体的性质、标准、风格和室外环境相协调统一。设计时需要从里到外、从外到里多次反复协调，务使其更趋完善合理。

3. 意在笔先或笔意同步，立意与表达并重

意在笔先原指创作绘画时必须先有立意，即深思熟虑，有了"想法"后再动笔，也就是说设计的构思、立意至关重要。可以说，一项设计，没有立意就等于没有"灵魂"，设计的难度也往往在于要有一个好的构思。具体设计时，意在笔先固然好，但是一个较为成熟的构思往往需要有足够的信息量，有商讨和思考的时间。因此也可以边动笔边构思，即所谓笔意同步，在设计前期和出方案过程中逐步明确立意和构思。

对于建筑装饰设计来说，正确、完整又有表现力地表达出环境设计的构思和意图，使建设者和评审人员能够通过图样、模型和说明等全面地了解设计意图是非常重要的。在设计投标竞争中，图样完整、精确和优美是第一关。图样表达是设计者的语言，一个优秀建筑装饰设计的内涵和表达也应该是统一的。

2.3.2　建筑装饰设计的程序

作为建筑装饰设计人员，必须了解设计的基本程序，做好设计进程中各阶段的工作。只有充分重视设计、材料、设备和施工等因素，运用现有的物质技术条件，将设计立意转化为现实，才能取得理想的设计效果。

根据建筑装饰设计的进程，通常可以分为三个阶段，即设计准备阶段、方案设计阶段和施工图设计阶段。

1. 设计准备阶段

设计准备阶段主要是接受委托任务书，签订合同，或根据标书要求参加投标；明确设计期限并制定设计计划。

明确、分析设计任务，包括物质要求和精神要求，如设计任务的使用性质、功能特点、设计规模、等级标准、总造价和所需创造的环境氛围、艺术风格等。收集必要的资料和信息，如熟悉相关的设计规范和定额标准；到现场调查踏勘；参观同类型建筑装饰工程实例等。

2. 方案设计阶段

方案设计阶段是在设计准备阶段的基础上，进一步收集、分析和运用与设计任务有关的资料与信息，进行设计立意和方案构思。通过多方案比较和优化选择，确定一个初步设计方案，并通过方案的调整和深入，完成初步设计方案，提交设计文件。

初步方案设计的文件通常包括：

1）平面图（包括家具布置），常用比例 1:50 或 1:100。

2）立面图和剖面图，常用比例 1:20 或 1:50。

3）顶棚镜像平面图或仰视图，常用比例 1:50 或 1:100。

4）效果图（彩色效果，表现手法不限、比例不限）。

5）室内装饰材料样板。

6）设计说明和造价概算。

3. 施工图设计阶段

初步设计方案经审定后，方可进行施工图设计。

施工图是设计意图最直接的表达，是指导工程施工的必要依据，是编制施工组织计划及预算、订购材料设备，进行工程验收及竣工核算的依据。因此，施工图设计时需要进一步修改、完善初步设计，与水、电、暖、通等专业协调，并深入设计图样，要求注明尺寸、标高、材料、做法等。还应补充构造节点详图、细部大样以及水、电、暖、通等设备管线图，并编制施工说明和工程预算。

另外，在工程的施工阶段，施工前设计人员应向施工单位进行设计意图说明及图样的技术交底；工程施工期间需按图样要求核对施工实况，有时还需根据现场实况提出对图样的局部修改或补充；施工结束时，应会同质检部门和建设单位进行工程验收；工程投入使用后，还应进行回访，了解使用情况和用户意见。

思 考 题

1. 什么是人体工程学？人体工程学和建筑装饰设计的关系是什么？

2. 人体工程学为空间设计提供了哪些依据？

3. 人体工程学为家具设计提供了哪些依据？

4. 环境心理学的作用在建筑装饰设计中的具体体现是什么？

5. 简述建筑装饰设计的程序。

参 考 文 献

[1] 张绮曼，郑曙旸. 室内设计资料集 [M]. 北京：中国建筑工业出版社，1991.

[2] 张月. 室内人体工程学 [M]. 北京：中国建筑工业出版社，2004.

[3] 王展，马云. 人体工学与环境设计 [M]. 西安：西安交通大学出版社，2007.

第3章 室内空间设计

3.1 室内空间的概念与特征

3.1.1 室内空间的概念

绘画所使用的是两度空间,尽管所表现的是三度或四度空间;雕刻是三度空间,但却与人分离;而人们在空地上铺设地板、竖起围墙和盖上屋顶时,就出现了房屋,供人使用的室内空间便产生了。建筑室内空间与其他艺术品的一个重要区别就在于它通过三度空间将人包围在其中。因此,室内空间是由面围合而成的,通常呈六面体,这六面体分别由顶面、地面和墙面组成,是由实体限定而构成的。

3.1.2 室内空间的特征

室内空间必须能让人进入其内部,并从事各种活动,如图 3-1 所示,其特征在于:

图 3-1 室内空间的特征

1）室内空间必须上下左右被实体包围，并具备一定量的物质空间。室内空间要求顶面的限定是肯定而确实的。

2）有无顶面是区别室内空间和室外空间的特征，但室内空间与外部空间是相联系的。

3.2　室内空间的类型

室内空间的形态可分为两大类，即个体室内空间形态和群体室内空间形态，实际上空间形态千变万化，为了便于学习和研究，可将空间形态适当地概括和简化，分为开敞空间与封闭空间，动态空间与静态空间，虚拟空间与虚幻空间，凹入空间与外凸空间，地台空间、悬挂空间与下沉空间，共享空间与子母空间等。

3.2.1　开敞空间与封闭空间

如果按室内空间虚实形式、围合方式及围合程度来划分，可分为开敞空间与封闭空间。

1. 开敞空间

这种空间视域宽广，与自然联系强，关系亲密。它给人的感觉是博大、奔放，但也会产生空旷、孤独和不安全的感受。它适用于郊外别墅、观景台等室内空间。开敞空间如图3-2、图3-3所示。

图3-2　开敞空间（一）

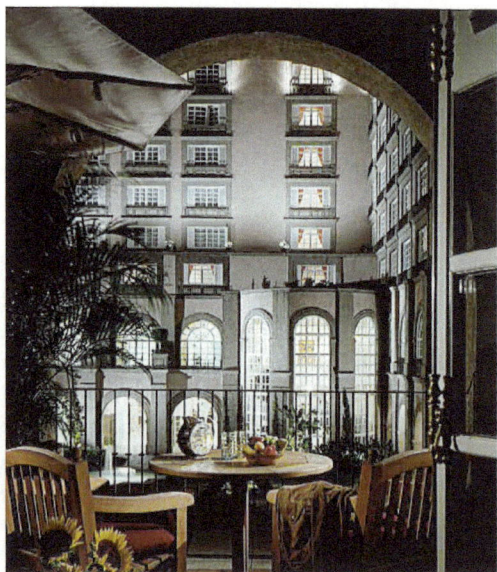

图3-3　开敞空间（二）

2. 封闭空间

这种空间是指完全封闭的房间，是建筑师经常提及的"黑房间"。封闭空间没有自然通风和采光，在实际设计中很少见，但在地下建筑和某些大进深建筑中很难避免。这种空间会令人产生封闭、局促、狭隘甚至窒息的心理感受。但从另一种角度看，有时也会带来安全、密切的心理联想。封闭空间如图3-4所示。

图 3-4　封闭空间

3.2.2　动态空间与静态空间

1. 动态空间

动态空间是人在空间中视点移位和时间延续形成的"第四维空间"，是将"动"这个要素移植到室内空间设计中所体现出的一种空间构成。其充分运用机械化、电气化、自动化的成果（如观光电梯、自动扶梯、旋转地面，各种电子信息光屏及可调节的围护面及各种管线等），运用对比强烈的图案和有动感的线形，运用跳跃变幻的光影和动人的背景音乐，运用能启发人对动态联想的楹联、匾额，运用流水、瀑布、小溪、禽鸟等自然景物，组织成灵活的、多向的、连续的、视线通透的、有流动感的空间。动态空间如图 3-5、图 3-6 所示。

2. 静态空间

按照人的动静结合的生理规律和活动规律，在创造动态空间的同时创造出静态空间，可以满足人们对动和静的交替追求及心理上的动静平衡。这种空间多为空间序列结束时的尽端空间，是限定度较强的封闭型私密空间，没有强制性的视线引导因素，视线转换平和，并充分运用和谐的色调、幽雅的光线、简洁的装饰来加强这一效果。静态空间如图 3-7、图 3-8 所示。

3.2.3　虚拟空间与虚幻空间

1. 虚拟空间

虚拟空间又称为"心理空间"，以室内的各种陈设、家具、绿化、水体、照明、色彩和材质肌理为联想契机，通过人的"视觉完形性"来划定空间。因此这种空间的限定性弱，没有十分完备的空间隔离形态，但可以用很少的装饰获得较理想的空间感。虚拟空间如图 3-9、图 3-10 所示。

图3-5　动态空间（一）

图3-6　动态空间（二）

图3-7　静态空间（一）

图3-8　静态空间（二）

2. 虚幻空间

虚幻空间是运用五光十色的照明，跳跃变幻的光影图案、动荡的线型、强烈的色彩等非实质性环境要素，追求新奇、动荡、神秘、幽深、变幻莫测和光怪陆离的戏剧性的空间效

图 3-9　虚拟空间（一）

图 3-10　虚拟空间（二）

果，造型通常采用断裂、扭曲、错位、倒置及特殊的肌理，以获得虚幻空间感的空间。虚幻空间如图 3-11～图 3-13 所示。

图 3-11　虚幻空间（一）

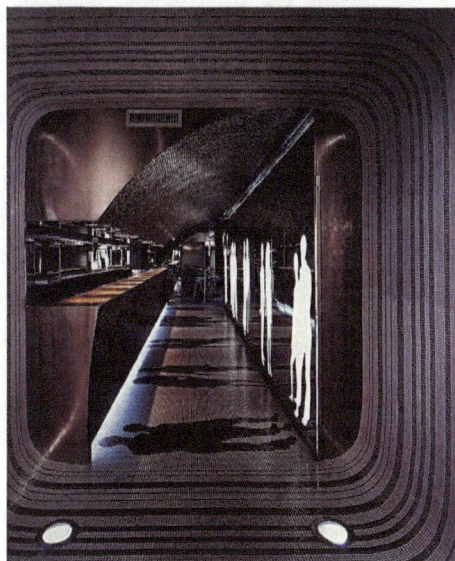

图 3-12　虚幻空间（二）

3.2.4　凹入空间与外凸空间

1. 凹入空间

凹入空间是室内某一垂直界面——墙面或墙角局部凹入形成的空间，这种空间只有一至两个开敞的面，领域感、私密性较强，受干扰少，通常可作为睡眠休息、用餐等用途。凹入空间如图 3-14 所示。

2. 外凸空间

外凸空间是室内凸出室外的部分，与室外空间联系紧密，视野开阔，可结合建筑外部造型，如图 3-15 所示。

图 3-13　虚幻空间（三）

图 3-14　凹入空间

图 3-15　外凸空间

3.2.5　地台空间、悬挂空间与下沉空间

1. 地台空间

地台空间是室内地面局部抬高，靠抬高面的边缘划出一定分隔的空间，在地台上的人有居高临下的优越方位感，其本身也具有一定的展示性，常成为目光焦点。如将家具、设备、地面与地台空间结合设计，便可充分利用空间。地台空间如图 3-16 所示。

2. 悬浮空间

悬浮空间是结构上采用吊杆悬吊上层空间的底界面，给人新颖、轻盈的悬浮感。由于底面没有支撑结构，可灵活利用空间，视野通透、开阔。悬浮空间如图 3-17 所示。

图 3-16　地台空间

图 3-17　悬浮空间

3. 下沉空间

下沉空间是室内地面局部下沉，限定出一个标高较低的明确空间。下沉空间使人产生较强的围护感，具有内向的特性，处在其间环顾四周，视觉感受新鲜有趣。在高差边界可布置围栏、陈设、绿化和座位，既达到提醒、导向作用，又有很强的装饰性。建筑在二层以上如要设计下沉空间，受结构限制可采用抬高周围地面来实现。下沉空间如图 3-18 所示。

3.2.6　共享空间与子母空间

运用空间体量大小变化与组合，可创造出共享空间与子母空间。

1. 共享空间

共享空间是大型公共建筑（如宾馆、商场）内的公共活动中心和交通枢纽。共享空间运用多种空间要素和设施，将空间处理成内中有外、外中有内、大中有小、小中有大，相互

图 3-18　下沉空间

穿插交错，极富流动性的内庭形式。共享空间是有较大挑选性、综合性的多用途灵活空间，充分满足人们在精神上和物质上的需求。国外常称这种共享空间为波特曼中庭。共享空间如图 3-19 所示。

图 3-19　共享空间

2. 子母空间

子母空间是在大空间中运用实体性或象征性手法，再次限定出若干有规律性和韵律感的小空间。这种大、小空间之间的关系，在同一空间里非常融洽，各得其所。由于再次限定出的小空间具有一定的私密性和领域感，又与大空间相互沟通，是闹中取静的最佳空间构成，适合在餐厅中分隔出半封闭和开放的用餐区，或在盥洗室中分隔出不同空间等。子母空间如图 3-20、图 3-21 所示。

图 3-20 子母空间（一）

图 3-21 子母空间（二）

3.3 室内空间的分隔

3.3.1 室内空间分隔方式概述

室内空间的分隔是形形色色的，按功能需求可作种种处理。应用物质材料的多样化，立体的、平面的、相互穿插的、上下交叉的，加上采光、照明形式的光影明暗、虚实，陈设的简繁，以及空间的曲折、大小、高低和艺术造型等多种手法，都能产生形态繁多的空间分隔。

3.3.2 室内空间的分隔方式

1. 垂直方式分隔空间

垂直方式分隔空间通常利用建筑的构件、装饰、家具、灯具、帷幔及花格绿化等将室内空间作垂直分隔。

（1）列柱、翼墙分隔空间 这与建筑设计中承重结构的柱子、翼墙不同，它是为了满足特定空间的要求而设的。列柱分隔空间如图3-22所示，翼墙分隔空间如图3-23所示。

图3-22 列柱分隔空间

图3-23 翼墙分隔空间

（2）装修分隔空间 其通常是指落地帷幔分隔，屏风式博古架分隔及活动折叠分隔等。落地帷幔又称为软隔，是用帷幔、垂珠帘以及特制的活动折叠连接帘进行分隔。屏风式博古架分隔和活动折叠分隔都可以将大空间划分为功用分开的小空间。装修分隔空间如图3-24～图3-26所示。

（3）家具、灯具以及花格绿化分隔空间 家具是室内空间的主角之一，如橱柜、桌椅等，布置得好可以使小空间变大，大空间变成多个空间。现代大空间的商场、办公室常用橱柜、桌椅划分。利用灯具的分置也能分隔空间，一个室内公共场所中，公共活动区和休息区相应的光照布置也不尽相同。通过花格绿化、水池喷泉等也能分隔空间，漾动的水和绿化花架可增加室内空间的活跃气氛，如图3-27所示。

2. 水平方式分隔空间

水平方式分隔空间即用水平形态构件和其他物质手段限定空间。常采用的方法有设立、围合、覆盖、突起、下沉、架起和质地变化等。

图 3-24　装修分隔空间（一）

图 3-25　装修分隔空间（二）

图 3-26　装修分隔空间（三）

图 3-27　花格绿化、水池喷泉分隔空间

　　（1）设立　设立就是把限定元素设置于原空间中，而在该元素周围限定出一个新的空间的方式。在该限定元素的周围常常可以形成一种环形空间，限定元素本身也经常成为吸引人们视线的焦点。在室内设计中，一组家具、雕塑品或陈设品等都可以成为这种限定元素。它们既可以是单个的，也可以是多个的；既可以是同一类的物体，也可以是不同类的物体。设立分隔空间如图 3-28 所示。

图 3-28　设立分隔空间

　　（2）围合　通过围合限定空间是最典型的限定空间的方法。室内设计中围合的方式很多，常用的有半隔断、隔墙、布帘、家具和绿化等。这些限定元素在质感、透明度、高低和疏密等方面各不相同，所形成的限定度也各有差异，空间感也各不相同。围合分隔空间如图3-29、图 3-30 所示。

图 3-29　围合分隔空间（一）

图 3-30　围合分隔空间（二）

（3）覆盖　覆盖也是常见的限定空间的方法，用于限定空间的覆盖泛指悬吊。覆盖分隔空间如图 3-31～图 3-33 所示。

图 3-31　覆盖分隔空间（一）

图 3-32　覆盖分隔空间（二）

（4）突起　突起所形成的空间高出周围的地面，在室内空间中，这种空间形式有强调、突出和展示的功能，有时也有限制活动的用途。突起所形成的空间高出周围的空间，因此也可营造开放、活泼的氛围。突起分隔空间如图 3-34、图 3-35 所示。

图 3-33　覆盖分隔空间（三）

图 3-34　突起分隔空间（一）

图 3-35　突起分隔空间（二）

（5）下沉　与突起相对，下沉是另一种空间限定的手法。下沉所形成的空间低于周围的地面，在室内设计中常常能得到意想不到的效果。它能为周围的空间提供一处居高临下的视觉条件，而且易于营造独立的氛围，并有一定限制人们活动的功能。下沉分隔空间如图3-36所示。

（6）架起　架起形成的空间与突起形成的空间有一定的相似之处，但架起形成的空间没有完全侵占原来的地面，从而在架起下方创造出另一个空间。室内设计中的夹层及通廊就是用架起的方法实现的，这种方法有助于丰富空间层次。架起分隔空间如图3-37所示。

图 3-36　下沉分隔空间

图 3-37　架起分隔空间

3.4　室内空间的界面及其艺术处理手法

室内界面既是构成室内空间的物质元素，又是室内空间进行再创造的有形实体。室内界面的变化直接影响室内空间的分隔、联系、组织和艺术氛围的创造。因此室内界面及其艺术处理在室内设计中具有重要作用。

3.4.1　室内界面的艺术处理

1）从室内设计的整体观念出发，把空间与界面有机地结合在一起来分析和对待。但是在具体的设计进程中，不同阶段有不同的侧重点。例如，在室内空间组织和平面布局基本确定以后，对界面实体的设计就变得非常重要。它使空间设计变得更加丰富和完善。

在具体设计中，因为室内空间功能的要求和环境气氛的要求不同，构思立意不同，材料、设备、施工工艺等技术条件不同，界面设计的表现内容和手法也多种多样。例如，表现技术美，室内可以暴露设备和结构体系，表达其构成关系；表现材质美，应强调界面材料的质地与纹理；表现造型和光影美，应利用界面凹凸镂空等形态变化与光影变化形成独特效果；表现色彩美，应强调界面色彩、色彩构成关系、光色明暗冷暖设计，以及强调界面图案设计与重点装饰等。

2）界面设计从界面组成角度可分为顶界面——顶棚设计，底界面——地面与楼面设计，侧界面——墙面与隔断设计；从设计手法上可分为界面造型设计、界面色彩设计、界面材料与质感设计。

此外，作为材料实体的界面，除了造型、色彩与材质设计（包括材料的选用和构造）外，界面设计还需要与建筑室内的设施和设备进行周密的协调。例如界面与风管尺寸及出、回风口的位置关系，界面与嵌入灯具或灯槽的设置，以及界面与消防喷淋、报警、音响、监控等设备的接口关系等。

3.4.2 室内界面细部及构件的艺术处理

1. 顶棚设计

顶棚作为空间的顶界面，最能反映空间的形态关系。顶棚作为水平界定空间的实体之一，对于界定、强化空间形态和范围及封闭空间关系有重要作用。另外，顶棚位于空间上部，具有位置高、不受遮挡、透视感强、引人注目等特点，因此通过顶棚的艺术处理，可以达到突出重点，增强方向感、秩序与序列感、宏大与深远感等艺术效果的作用。顶棚设计如图3-38、图3-39所示。

图3-38 顶棚设计（一）

图3-39 顶棚设计（二）

顶棚设计应充分考虑空间功能要求，根据材料的特性，选择合适的材料进行设计。根据顶棚设计材料的生成方式，可分为体现传统自然材质的田园式顶棚和体现现代材料技术、人工材质的现代感顶棚。

顶棚的处理随空间特点的不同，有各式各样的方式。顶棚设计，特别是吊顶设计，往往融合了造型、色彩和材质等多种设计手法。具体归纳如下：从与结构的关系角度来划分，一般分为显露结构式、半显露结构式和掩盖结构式。

（1）显露结构式　顶棚完全暴露空间结构任何设备的做法，是近现代建筑所运用的新手法。有的造型独特，如壳体、穹隆、膜结构等可以塑造出形态丰富多变的顶棚；有的轻巧美观。显露结构式如图3-40所示。

（2）半显露结构式　在条件允许的情况下，顶棚设计可与结构或设备巧妙结合，在重点空间上部或需遮挡设备等部位做部分吊顶，半显露结构式如图3-41所示。

图 3-40 显露结构式

图 3-41 半显露结构式

（3）掩盖结构式 采用完全吊顶的顶棚处理方式，吊顶形式丰富多彩，有平顶、穹顶、井格式、吊顶外凸和吊顶内凹及图案装饰等。有的是顶棚与墙面形成整体式的设计方法；有的是在顶棚设计上采用一定的母题或集合形态；有的注重造型图案与其他界面的呼应或重复；还有的以灯具作为顶面造型来设计。掩盖结构式如图 3-42 所示。

图 3-42 掩盖结构式

2. 地面设计

地面作为空间的底界面，也是以水平面的形式出现的。由于地面需要承托家具、设备和人的活动，因而其显露的程度是有限的。因为地面是最先被人的视觉所感知的空间界面，所以它的形态、色彩、质地和图案将直接影响室内的气氛。地面设计如图 3-43、图 3-44 所示。

图 3-43 地面设计（一）

图 3-44 地面设计（二）

（1）地面造型设计 地面的造型主要通过地面的凹凸形成具有高差的地面。凹下、凸出的地面形态可以是方形、圆形和自由曲线形等，使室内空间富有变化。另一种方法是通过地面图案的处理来进行地面造型设计。地面造型设计如图3-45所示。

（2）地面色彩设计 地面与墙面一样对室内其他物体起着衬托作用，同时，地面又具有加强墙面色彩的作用，所以地面色彩应与墙面、家具的色调相协调。通常地面色彩应比墙面稍深一些，可选用低彩度、含灰色成分较高的色彩。常用色彩有：暗红色、褐色、深褐色、米黄色、木色以及浅灰色和灰色等。地面色彩设计如图3-46、图3-47所示。

（3）地面光艺术设计 在地面设计中，有时可利用光的处理手法来取得独特的效果。在地面下方设置灯光或配置地灯，既丰富了人们的视觉感受，又可对人流起引导作用。地面的光设置除了导向作用外，还能作为地面的装饰图案。

图3-45 地面造型设计

图3-46 地面色彩设计（一）

图3-47 地面色彩设计（二）

3. 墙面、隔断设计

（1）墙面造型设计　墙面造型设计最重要的是虚实关系的处理。一般门窗和漏窗为虚，墙面为实。因此，门窗与墙面形状、大小的对比变化往往是决定墙面形态设计成败的关键。墙面的设计应根据每一面墙的特点，或以虚为主，虚中有实；或以实为主，实中有虚。另外，可以通过对墙面图案的处理来进行墙面造型设计；可以对墙面进行分格处理，使墙面图案肌理产生变化；还可以通过几何形体在墙面上的组合构图、凹凸变化，构成具有立体效果的墙面；整面墙还可运用绘画手段处理，效果独特。内容合适、内涵丰富的装饰绘画，既可丰富视觉感受，又能在一定程度上强化室内设计的主题思想。墙面造型设计如图 3-48、图 3-49 所示。

图 3-48　墙面造型设计（一）

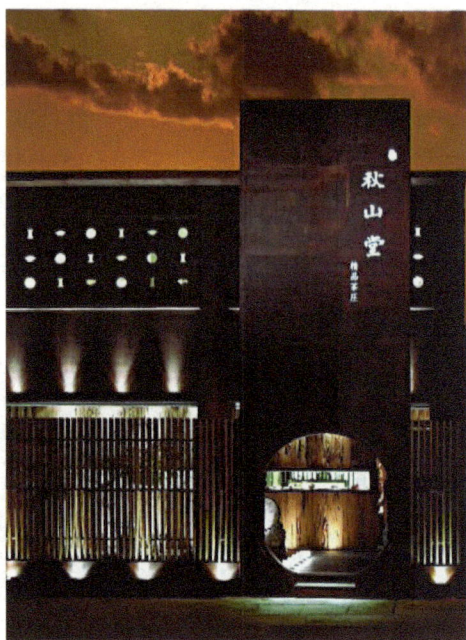

图 3-49　墙面造型设计（二）

（2）墙面光设计　墙面光设计是指在墙面不同部位设置不同形态的洞口或窗口，将自然光与空气引入室内。光线与色彩、空间、墙体交错在一起，形成墙面、空间的虚实、明暗和光影形态的变化，同时与室外空间在视觉上流通，将室外景观引入室内，增加室内空间活动。另外，通过对墙面的人工照明设计，营造出空间特有的气氛。墙面光设计如图 3-50、图 3-51 所示。

（3）墙面材料选择　合理使用和搭配装饰材料，可使墙面富有特点、富于变化。如采用木材装饰墙面，可取得很好的效果。墙面绒布材料如图 3-52 所示，墙面仿古砖材料如图 3-53 所示，墙面木纹材料如图3-54所示。

图 3-50　墙面光设计（一）

图 3-51　墙面光设计（二）

图 3-52　墙面绒布材料

图 3-53　墙面仿古砖材料

4. 室内界面的色彩艺术及材料感觉

色彩对于人生理上的影响很大，特别是在处理室内界面时尤其不容忽视。一般情况下，暖色可以使人产生紧张、热烈、兴奋等情绪，而冷色则使人产生安定、幽雅、宁静等情绪。暖色使人感到膨胀和靠近，冷色使人感到收缩和隐退。不同明度的色彩，也会使人产生不同的感觉。浅色给人的感觉轻，深色给人的感觉重。因此室内色彩一般多遵循上浅下深的原则来处理。自上而下，顶棚最浅，墙面稍深，护墙更深，踢脚板与地面最深，这样上轻下重，空间稳定感好。另外，顶棚起反射光线的作用，一般顶棚选用的色彩在室内色彩中明度最高，因此，顶棚大多取白色、淡蓝或淡黄等色彩。但在某种情况下为营造气氛的需要，也可采取与上述原则相反的做法，即顶棚用低明度、较深重的色彩。例如有的酒吧、舞厅等娱乐场所往往采用这种处理方法。

图 3-54　墙面木纹材料

材料都具有与众不同的特殊质感，如坚硬与柔软、刚劲与柔弱、粗犷与细腻、粗糙与光滑、温暖与寒冷、华丽与朴素、沉重与轻巧等基本感觉形态。传统天然的材料如木、竹、藤、布艺等给人们以朴素、温暖和亲切感，人工材料如铁、钢、铝合金、玻璃等则简洁明快、精致细腻，能营造出机械美、几何美的氛围，也往往很有秩序感。

3.5　室内空间设计案例

本案例（图 3-55）是科林斯电视台装饰设计。拥有世界上最先进广播设备的科林斯电视台大楼坐落在著名的戚斯威公园附近，整个大楼有 4 层高，总面积为 8 万平方英尺。这里容纳了数字电视演播、摄影、后期制作以及传输和现场节目制作所需要的全部设备。这样一个充满高科技设备的大楼如何成为人们能够尽情享受的工作场所呢？Gensler 公司接下了这个重任，并在设计任务上和科林斯电视台达成了一致的目标，即降低操作成本，为建筑增值。

Gensler 公司最重要的设计原则是创造出具有灵活性及有活力的办公空间，激发人们的创造力和热情，使合作变得更加容易。同时，这个办公空间还要接待许多来客，他们大部分是名人，因此设计中采用了开放式的平面和模数化设计尽可能少地使用分隔，如图 3-56、图 3-57 所示。这些手法让办公空间具有更多的可能性。所有的设备房在保持其高度精密技术的同时，在外观上都有图形化的设计，这些设计除了美观之外，也考虑到了使用者之间沟通及操作的需要。

图 3-55 接待区设计图

图 3-56 报告区设计图

　　一楼主要用作工作区和接待访客如图 3-57 所示。科林斯人在技术设备上也进行了投资，以期有高质量的设计。因此，传输间设计了楔形的玻璃，使得工作人员能够和彼此以及外界进行交流，同时又有很好的隔音效果和个人空间来制作节目。

　　二楼是主要的技术设备功能区域，包括控制室，编辑室和音效室。配音室和两个画外音录制室里高性能的声学设备为影片的后期制作提供了良好的技术支持。编辑室平面设计成椭圆形，并自带休息空间。办公空间设备都十分精密，因此还进行了特别的设计，使得各个空间能够选择是使自然光进入或是完全黑暗，如图 3-58 所示。

图 3-57　工作区设计图

图 3-58　编辑室设计图

　　尽管这些空间的技术性很强，但仍需要有一定的透明度和开放性来和外面的空间相连接，如图 3-59 所示。和一楼一样，二楼的办公空间中也使用了特别的灯光效果来改变原有的白色界面，这使得空间氛围具有可调节性。中庭连接了上下四层的空间如图 3-60 所示，变成了建筑的中心。而顶楼的办公区域是一个大的开放空间。传统的分格式办公室中，开放区域可以直接照入自然光线，而在科林斯电视台空间设计中，Gensler 公司设计了与层高相等的白色条纹窗帘，形成视觉上的美感，使得办公空间的视觉效果更为集中，如图 3-61 所示。

图 3-59　控制室、编辑室和音效外部室设计图

图 3-60　中庭设计图

图 3-61　窗帘设计图

思　考　题

1. 室内空间怎样分类？有哪些常见类型？
2. 室内空间有哪些分隔方式？
3. 谈谈你熟悉的建筑室内空间的特点。

参 考 文 献

［1］奥席·勒·柯布西耶全集［M］. 北京：中国建筑工业出版社，2005.

［2］张伟、庄俊倩、宗轩. 室内设计原理教程［M］. 上海：上海美术出版社，2008.

［3］室内人网站：www. snren. com.

第4章 室内色彩设计

4.1 室内色彩的基本知识及作用

4.1.1 色彩的三要素

色彩具有色相、明度和纯度三种基本属性，也称为色彩的三要素。

色相即色彩的相貌，是一种颜色区别于另一种颜色的表象特征。人们眼睛能够判断的色相至少可达几万种。为了便于识别各种颜色的相貌，人们给各种颜色取一定的名称，如红、黄等。但是在数以万计的色相中，除小部分有名称外，大部分色相无法取名，通常只能大致说出偏黄或偏绿等。

明度即色彩的亮度或明暗度。在光谱色中，黄色明度最高，显得最亮；紫色明度最低，显得最暗。明度可以理解为色彩的明暗和深浅变化。

纯度也称为色彩饱和度。通常称色环上的原色和间色为高纯度色。高纯度色同其他色相调和，含其他色越多则纯度越低，含其他色越少则纯度越高。高纯度色与黑、白、灰或补色相混，其纯度会逐渐降低。

4.1.2 色调

色调是指色彩外观的基本倾向。在明度、纯度、色相这三个要素中，某种因素起主导作用时，即可以称为某种色调。以色相划分，有红色调、蓝色调等；以纯度划分，有鲜色调、浊色调、清色调等；把明度与纯度结合后，有淡色调、浅色调、中间调、深色调、暗色调等。

4.1.3 室内色彩的作用

1. 色彩的物理作用

室内界面、家具和陈设等物体的色彩相互作用，可以影响人们的视觉效果，使物体的尺度、远近、冷暖在主观感觉中发生一定的变化。这种感觉上的微妙变化，就是室内色彩的物理作用效果。

（1）色彩的冷暖感 所谓色彩的冷暖感是一种心理量，与实际的温度并无直接的联系。人类在长时间的生活实践中体验到太阳和火能够带来温暖，所以当看到与此相近的色彩，如红色、橙色、黄色时就会相应的产生温暖感；当看到与海水、月光、冰雪相近的青色、蓝色时会产生凉爽感。色彩学中统称红、橙、黄一类色彩为暖色系，青、蓝、紫等色彩为冷色系。

如图4-1所示，利用色彩的冷暖可以调节室内的温度感。如在阳光强又热的房间内涂上冷色系列，可使人们有凉爽感，在一些背阴的房间内涂上暖色系列，可使人们有温暖感。

（2）色彩的距离感　在人与物体距离一定的情况下，物体的色彩不同，人对物体的距离感受也有所不同，这就是所谓的色彩的距离感。在色彩的比较中，给人比实际距离近的感觉的色彩为前进色，给人比实际距离远的感觉的色彩为后退色。一般暖色系和明

图4-1　起居室

度高的色彩具有前进、凸出和接近的效果，而冷色系和明度较低的色彩则具有后退、凹进和远离的效果。如图4-2所示，室内设计中常利用色彩的这些特点去改变空间的大小和高低。

（3）色彩的重量感　如图4-3所示，色彩的重量感主要取决于色彩的明暗程度。一般来说高明度的色彩感觉轻盈，低明度感觉沉重。

图4-2　浦东国际机场内景

图4-3　餐厅

（4）色彩的体量感　在色彩学中，色彩有膨胀色与收缩色之分。给人扩张感觉的色彩称为膨胀色，给人收缩感觉的色彩称为收缩色。由于物体具有某种颜色，使该物体看上去增加了体量，该颜色即属于膨胀色；反之，如果看上去缩小了物体的体量，该颜色则属于收缩色。

如图4-4所示，色彩的体量感主要取决于色彩的明度、色相。明度越高，膨胀感越强；反之，收缩感越强。另外，材料的色相越暖，膨胀感越强，冷色有收缩感。

（5）色彩的兴奋感与沉静感　色彩的兴奋感与沉静感与色相、明度、纯度都有关，其中纯度的作用最为明显。在色相方面，凡是偏红、橙的暖色系具有兴奋感，如图4-5所示，凡属蓝、青的冷色系具有沉静感；在明度方面，明度高的色具有兴奋感，明度低的色具有沉静感；纯度方面，纯度高的色具有兴奋感，纯度低的色具有沉静感。因此，暖色系中明度高而纯度也高的色兴奋感强，冷色系中明度低而纯度也低的色沉静感强。强对比的色调具有兴奋感，弱对比的色调具有沉静感。

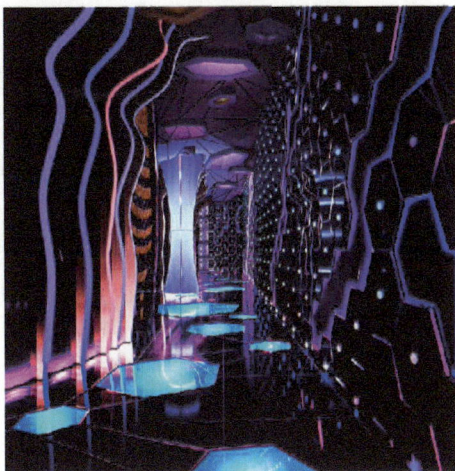

图4-4　酒吧走廊

图4-5　餐厅

（6）色彩的华美感与质朴感　色彩的华美感与质朴感受纯度的影响最大，明度也有影响，色相稍有影响。在色相方面，红、红紫、绿依次有华美感，黄绿、黄、橙、蓝、紫依次有质朴感；在明度方面，明度越高越有华美感，明度越低越有质朴感；在纯度方面，纯度越高越有华美感，纯度越低越有质朴感。

2. 色彩的生理作用

人在接受色彩的过程中，由于眼睛的作用，客观的色彩在知觉判断中会产生某种程度的偏离，如同一种色彩在室内不同的光照下呈现不同的色彩效果，又如进入电影院时，眼睛会对明暗有一个适应的过程。

当视网膜上某一部分对某种颜色发生反应时，会引起邻近部位的对立反应。如红与绿对置在一起，则显得红色更红，绿色更绿。两种颜色相邻的部分，这种互补的对比现象更为明显。色彩补偿现象证明，人的视觉对色彩永远寻求着一种生理的平衡，即人眼看到任何一种颜色时，总是要求它的相对补色，如果客观上这种补色没有出现，眼睛就会自动调节，在视觉中制造对这种颜色的补偿。如医院手术室的色彩选择用蓝色，是因为医生长时间接触血液的红色，容易引起视觉疲劳，需要有对比的色彩加以调节。同时，蓝色是冷色系的色彩，还可以给人以冷静感。

另外，色彩的生理效果还表现在对人的心率、脉搏、血压等有明显的影响。近年来的研究成果表明，正确地运用色彩将有助于健康，并对病人起到辅助治疗的作用。如红色能刺激神经系统，导致血液循环加快，但长时间接触红色，可能出现疲倦、焦躁的感觉；橙色使人产生活力，增加食欲，但过多采用容易引起兴奋；黄色有助于增强人的逻辑思维能力和消化能力，但大量使用容易出现不稳定感；绿色能使人安静，促进人体的新陈代谢，可起到消除疲劳、改善情绪的作用；蓝色可调解人体生理平衡，缓解神经紧张，改善失眠、头痛等症状；紫色对运动神经、淋巴系统和心脏系统有抑制作用，可以维持体内钾平衡，使人具有安全感。

3. 色彩的心理作用

色彩的心理效果是指色彩在人的心理上产生的反应。各个地区、民族对色彩的感情不尽相同，对不同色彩产生的联想也不一样。下面就针对我国现阶段人们对色彩的心理反应加以分析：

1）红色是最醒目的颜色，常使人联想到太阳、火，象征着热烈、活跃、热情和吉祥。红色是血的颜色，它还有刺激性、危险感的一面。另外，粉红色常给人以女性化的感受。

2）橙色是最暖的色彩。它容易引起人们的注意，人们也常用此色表达一种丰收、兴奋、进取、文明和成熟的感情。

3）黄色在色相中是明度最亮的色彩，光感也最强。黄色常在普通照明中采用，给人以明快、温暖的感觉，用以表达光明、温暖、喜悦的感情。在古代，黄色象征皇权的尊严，所以黄色还给人一种威严感。

4）绿色是大自然色彩的主基调，它不刺激眼睛，能使眼睛得以休息。绿色通常给人带来的心理感受是健康、青春、永恒、和平与安宁。

5）蓝色是天空、大海色彩的主基调。它使人联想到天空和大海的浩瀚、深远、透明，象征着远大、深沉、纯洁。蓝色也有冷色的一面，容易使人联想到冷酷、寒冷。

6）紫色的波长最短，自然界的紫色光几乎看不到，人们只能从植物中感受紫色的存在，并从中联想到高傲、宝贵的感受。偏红的紫色突出艳丽、华贵的一面，偏蓝的紫色更突出高傲、冷峻的一面。

7）白色为全色相，明度及注目性都相当高，能满足视觉的生理要求，与其他彩色混合均能取得很好的效果。白色能使人联想到洁白、纯洁、朴素、神圣、光明等。

8）黑色为全色相，它与其他色配合能增加刺激。黑色为消极色，它常使人联想到黑夜、沉默、严肃、死亡、罪恶等。

9）灰色为全色相，也是没有纯度的中性色。灰色常使人联想到阴天、灰心、平凡、消极、顺服、中庸等。

4.2 室内色彩设计的方法

4.2.1 色彩的对比运用

两种或两种以上颜色并列相映的效果之间所能看出的明显不同就是对比。这种不同达到最大程度时称为直径对比或极地对比。例如，大小、黑白、冷暖处于极端时就是极地对比。在观察色彩效果的特征时，可以分为七种不同类型的对比。

1. 色相对比

色相环上任何两种颜色或多种颜色并置在一起时，在比较中呈现色相的差异，从而形成的对比现象，称为色相对比，如图4-6所示。根据色相对比的强弱可分为：同一色相对比——色相之间在色相环上的色相距离角度为0°~15°；类似色相对比——色相之间在色相环上的色相距离角度在15°~30°以内；临近色相对比——色相之间在色相环上的色相距离角度在30°~50°以内；对比色相对比——色相之间在色相环上的色相距离角度在50°~120°以内；互补色相对比——色相之间在色相环上的色相距离角度为120°~180°（包括明度、纯度和冷暖）的关系组成。

2. 明暗对比

两种颜色由于它们各自的亮度不同，对比以后产生一定的效果。任何色彩都可以还原为明暗关系来思考，因此明暗关系是搭配色彩的基础，它可以表现立体感、空间感、轻重感与层次感，如图4-7所示。

图4-6　客厅

图4-7　卧室

3. 冷暖对比

冷暖对比是指不同色彩之间的冷暖差别形成的对比，如图4-8所示。色彩分为冷、暖两大色系，以红、橙、黄为暖色体系，蓝、紫为冷色系，绿色为中性色，两种色系基本上互为补色关系。另外，色彩的冷暖对比还受明度与纯度的影响，白色反射率高而感觉冷，黑色吸收率高而感觉暖。

4. 补色对比

如果两种颜料调和后产生中性的灰色或黑色，就称这两种色彩为互补色，两种这样的色彩组合成奇异的一对。它们既互相对立，又互相需要；当它们靠近时，能相互促成最大的鲜明性。每对互补色都有它自己的独特性，例如红和绿是互补色，这两种饱和色彩有着相同的明度；黄、紫不仅呈现出补色对比，并且表现出极度的明暗对比；红橙、蓝绿是一对互补色，同时也是冷暖的极度对比，如图4-9所示。

图 4-8　走廊

图 4-9　客厅

5. 面积对比

面积对比是指两个或者多个色块的相对色域，是一种多与少、大与小之间的对比。应用面积对比的目的，就是要在两种或者多种色彩之间取得色量比例的平衡，促使一种色彩比另一种色彩使用得更突出，如图 4-10 所示。

图 4-10　卧室

图 4-11　同类色对比

6. 同类色对比

在色环上互相接近的颜色，称其为同类色。当 2～3 种同类色属性的色彩并置时，我们把这种情况称为"同类色对比"，如图 4-11 所示。

7. 纯度对比

纯度对比是指以不同纯度的色彩并列之后，产生比较性变化的情况。纯度对比之后，必然会呈现出鲜明的色彩越鲜明，灰浊的色彩越灰浊的状况，如图 4-12 所示。

总之，室内色彩的选择与运用，应根据室内陈设、设备的色泽，室内空间的大小，环境和光照设计以及要达到的环境预想效果，进行整体综合考虑。如预先设计，可根据个人的色彩喜好来考虑，同时考虑各个房间的使用功能。如卧室宜用偏中性的淡黄色或浅灰绿色等亲切静谧的颜色，有助于睡眠和休息；游乐室宜用暖色系组成的热烈、活跃之色，促进人们尽情玩乐的情致；餐厅宜用洁净、典雅的颜色，以增加就餐人的食欲；办公室则宜用宁静、温和的颜色，使办公人员能集中注意力。在工厂车间，应考虑工人操作对象与背景的色彩关系，要用容易引起注意的醒目色彩，促进安全生产，避免发生事故等。

图4-12 客厅

4.2.2 室内各部分色彩选择

室内色彩设计不同于美术作品的一点是，建筑装饰设计作品最终是由装饰施工实现的，作品的好与坏都要通过实践的检验来完成。同样的色彩，选择不同的材质，其效果可能截然不同；同样的色彩，同样的材质在不同的灯光照射下，其效果也会有所不同。

1. 地面色彩

整体风格和理念是确定地面颜色的首要因素。深色调地板的感染力和表现力很强，个性特征鲜明；浅色调地板风格简约，清新典雅。其次，要注意地板与家具的搭配。地面颜色要衬托家具的颜色，并以沉稳柔和为主调。因为地面装修属于永久性装修，一般情况下不会经常更换，因此要选择比较中性的颜色。从色调上说，浅色家具可与深浅颜色的地板任意组合，但深色家具与深色地板的搭配则要格外小心，以免令人产生压抑的感觉。另外，还需要根据房间大小选择地面色彩。色彩会影响人的视觉效果，暖色调为扩张色，冷色调为收缩色。

居室的采光条件也限制了地板颜色的选择范围。楼层较低、采光不充分的居室要注意选择亮度较高或颜色适宜的地面材料，尽可能避免使用颜色较暗的材料。

2. 顶棚色彩

顶棚色彩宜采用高明度颜色，这是由于浅色调的顶棚可以给人带来轻盈、开阔、不压抑的感觉，另外空间色彩的上轻下重也符合人们的思维习惯。在现代建筑装饰设计中，白色是顶棚的首选色彩，所占比重最大，除具有浅色的特点外，还由于白色是中性色，与其他室内色彩容易协调，并且在选择有色灯光照射时，白色最能反映出效果。但白色并不是顶棚色彩设计的全部。在现在的餐厅、酒吧和迪厅等娱乐休闲空间，甚至在有些办公空间中，多彩顶棚甚至黑顶棚出现得也很多。

3. 墙面色彩

（1）首先考虑居室的朝向　光照充足的南向和东向的房间，墙面宜采用淡雅的浅蓝、浅绿等冷色调；北向或光照不足的房间，墙面应以暖色为主，如奶黄、浅橙、浅咖啡等色，不宜用过深的颜色。

（2）根据环境定色彩　墙面色彩要与家具及室外的环境相协调。墙面对家具起背景衬托作用，如要墙面色彩过于浓郁凝重，则起不到背景作用，所以宜用浅色调。如果室外是绿色地带，绿色光影散射进入室内，用浅紫、浅黄或浅粉等暖色装饰的墙面就会营造出一种宛如户外明媚阳光般的氛围；若室外是大片红砖或其他红色反射光，墙面应以浅黄、浅棕等色为装饰，可给人一种流畅的感觉。

（3）根据居室功能选色彩　客厅要开放热情，卧室要宁静安逸，儿童房要活泼明快，书房要典雅平和。

4. 家具色彩

利用色彩来使家具设计富于变化，调整室内空间气氛，这是家具设计的基本方法之一。家具色彩的选择，应考虑家具的材质及整个室内的色彩环境。从家具设计本身来看，浅色调意味着典雅，灰色调意味着庄重，深色调意味着严肃，原木色调给人一种自然之感。当然，选择家具色彩时还应考虑使用者的年龄、职业、爱好等因素。另外，整个室内环境的色彩也左右着家具的色彩。在以浅色调为背景的室内可适当选用深灰色调的家具，但家具不宜过多、过杂，以浅色调为主基调，深色家具为辅色，色彩明度有对比，整体色彩效果协调，反之亦然。

5. 门、窗色彩

门的色彩的选择应结合墙面色彩综合考虑。通常情况下，门和墙面的色彩在明度上是对比关系，以突出门作为出入口的功能。作为门整体的一部分，门套的材料和色彩也应和门相协调，这样才能使门主体更突出、更生动，更具艺术性。

窗的材料如选用木材，其色彩处理方法可以用门作为参考；当选用铝合金或塑钢窗时，窗框的色彩已经固定，实践中多在窗套设计上下工夫，窗套的材料和色彩选择可参考门套等其他构件材料的色彩而定。

6. 踢脚板色彩

踢脚板的色彩和选材有直接关系。有墙裙的踢脚板选材和墙裙一致，没有墙裙的踢脚板常选择与地面材料一致的材质。如木墙裙的踢脚板也为木制，其色彩和墙裙保持一致；无墙裙的墙面及石材地面，其踢脚板可选用石材，其色彩可考虑石材地面的色彩或与之协调。

以上室内具体部位的色彩选择是通常情况下的做法，随着时代的发展，设计师个性的发挥和室内环境需求的不同，人们对室内环境色彩的认识也有所改变。这就要求设计师在掌握设计原则的基础上，灵活运用色彩知识，为创造更新、更美的室内空间环境而努力。

4.3　室内色彩设计的程序

室内色彩设计作为建筑装饰设计的一个组成部分，其设计贯穿于建筑装饰设计的构思及方案设计的全过程。

1. 确定色彩主基调

在方案构思阶段应该完成确定色调的工作。方案构思包括对建筑平面、造型及空间现状的了解，确定建筑装饰设计的风格，完善室内功能的布局，大致选择材料的方案及确定室内气氛的主基调等。

色彩主基调的确定要根据建筑装饰设计的风格及所要表达的室内空间气氛来决定。如中式餐厅，其风格决定了应该使用中国的传统色彩（如红、黄）作为主基调。如果餐厅的性质决定了室内空间气氛应该亲切、热烈，则主基调的气氛确定以暖色调为主。

装饰材料的质地、尺度和表面光洁程度等对色彩主基调的选择有一定的影响。表面粗糙的材料，如石材、原木、粗砖等用于室内装修，可使室内更自然且略显暖意；表面光滑的装饰材料，如镜面石材、不锈钢、玻璃、瓷砖等，其表面光泽、有反射，使室内空间体量感觉加大，但给人的感觉坚硬、冰冷。另外，材料的弹性、肌理等都会带给人色彩的倾向性。

照明的选择同样会给室内色彩主基调带来影响。这主要表现在不同光源的颜色对色彩的影响上，其次是不同光照位置对所照射物体影响不同。

2. 色彩选择的步骤

建筑装饰设计方案是通过室内效果图表达完成的。在完成正式图之前，可在草图小样中进行色彩初步设计，选择比较理想的色彩小样，在做效果图时予以采用。

（1）室内界面色彩设计　在色彩设计中，可以从各界面的色相开始，然后确定各界面之间的明度关系。一般情况下，地面的明度最低，以取得室内稳定的效果；墙面其次；顶棚的明度最高，以取得明朗、开阔的效果，可以避免空间头重脚轻的问题。另外，各界面作为家具、陈设和文物的背景，应降低色彩纯度，以免过于醒目。

（2）室内家具色彩设计　家具色彩设计可以和界面色彩设计同时进行或稍后进行。家具色彩应在色相、明度上与室内色彩相协调。选用木制家具要考虑和室内其他木装修材质相同或相近，这样无论从纹理还是色彩上都比较相近，容易取得色彩的协调。在家具种类、尺度较多较大时，家具色彩不宜过深，以免整个空间色彩明度过低。

（3）室内陈设色彩设计　随着社会的发展和人们审美水平的提高，作为艺术欣赏对象的陈设品在室内所占的比重越来越大。室内陈设包括日用品、织物、绘画、雕塑、工艺品、绿化和灯具等，设计中不但要在陈设的外形和体量选择上多下工夫，而且要在色彩设计上深入推敲，以达到丰富室内色彩的目的。

对于较大的室内陈设品（如家具等）在上面已单独介绍过。一些小的陈设品常可以起到画龙点睛的作用，在色彩设计中常作为重点色彩或点缀色彩。织物图案丰富，质感柔和，在室内色彩中起着举足轻重的作用，但要注意色彩不要过于抢眼，多数是作为背景色彩处理；绿色植物可以使室内充满生机，尤其适合在平整界面、浅色调或无彩系的室内空间摆放。

最后，要对室内色彩进行整体的修改完善，并分析灯光照明对室内色彩的影响，最终确定效果。

4.4　室内色彩设计案例

本实例采用地中海风格的色彩设计。除了表达浪漫的海洋气息之外，再现地中海当地的建筑特色是地中海风格设计的重点，如拱门与半拱门，马蹄状的门窗，手工漆刷的粉白墙，被海风吹掠经年的粗糙灰泥墙或橘黄色土墙等，如图4-13所示。家具尽量采用低彩度、线条简单且修边浑圆的木质家具，如图4-14所示。

图 4-13　地中海风格客厅

图 4-14　地中海风格餐厅

　　在起居室和卧室的窗帘布、桌布与椅套的选用上，可以使用棉织物，格子、条纹或碎花图案都能给人纯朴而轻松的感觉，如图 4-15 所示。另外，光线在地中海风格中格外重要。地中海风格的美，就是海与天明亮的色彩及仿佛被水冲刷过的耀眼白墙，可以使用半透明或活动百叶窗，让阳光直接照进来。

图 4-15　地中海风格卧室

思　考　题

1. 色彩的物理作用具体体现在哪些方面?
2. 色彩的生理作用具体体现在哪些方面?
3. 色彩的心理作用具体体现在哪些方面?
4. 室内色彩设计的程序是什么?

参 考 文 献

[1] 吴龙声. 建筑装饰设计 [M]. 北京：中国建筑工业出版社，2004.

第5章 室内光环境设计

照明设计主要是根据人们工作、学习和生活的要求，设计出一个照明质量好、照度充足、使用安全和方便的照明环境。传统意义上的照明设计，以工作面达到规定的水平照度为设计目标，往往忽视了灯光环境的质量。现代灯光环境设计主张无论是对进行视觉作业的灯光环境，还是用于休闲、社交、娱乐的灯光环境，都要从深入分析设计对象着手，全面考虑对照明有影响的功能、形式、心理和经济等因素，在此基础上再制订设计方案，进行计算和评价。

照明设计还应充分发挥照明设施的装饰作用。这种装饰作用不仅表现在灯具本身的点缀和美化作用上，而且通过照明灯具与室内装修、构造等的有机结合，以及不同的照明构图和光的空间分布，还可以形成和谐的艺术氛围，对人们的情绪发生影响。

在处理室内环境照明的艺术效果时，必须充分估计光的表现力。要结合实际条件，对光的造型、光的构图、光的分布及表面材料的质感、色彩、装饰构件等因素的相互影响和协调做出分析规划，以形成一个舒适愉悦的光环境。

5.1 照明设计基础知识

5.1.1 光源及灯具的分类

1. 光源的分类

（1）自然光源　自然光源是白天的最主要光源，自然光源不但可为室内提供足够的照明，对于室内环境气氛的营造，以及满足人们从生理层次到心理层次对光的依赖都是非常重要的，如图5-1、图5-2所示。

对自然光源的利用一般可分为三种类型：直接采光、间接采光和扩散采光。直接采光指室内大部分的光源是自然光直接通过窗户投射到地面。间接采光，即部分或大部分的自然光都经过水平反光板射入室内顶棚，再由顶棚反射下来。这种采光可以使光线变弱，光质柔和。扩散采光是利用穿透性的散光材料，使投入的自然光产生扩散作用。这种采光是最普遍的采光方式，通过扩散采光产生的光环境能为室内带来温馨自然的气氛。在现代建筑装饰设计中，有明显倾向合理科学利用自然光的趋势，在设计中应大胆使用新技术、新材料，在有可能的情况下最大限度地将自然光引入室内，融进人们的生活空间。

（2）人工照明　自然采光因受到时间和空间上的限制，变化大且很不稳定，在装饰设

图 5-1　自然采光充足的客厅

图 5-2　合理利用自然采光

计中时常达不到理想的效果。而人工照明可以随人的意志而变化，通过光和色的调节来达到理想的照明和视觉效果，营造特殊的气氛，给室内带来生机。灯光设计的技巧就是在开始设计灯光以前，仔细评估和分析室内的空间和所需要的气氛，在保证科学照明的同时达到视觉的愉悦感。空间对灯光的设计大致可以从三个方面来考虑：一是目的性，即物体需要照明的是部分还是整体；二是科学性，即灯光位置和需要的照明程度；三是灵活性，即灯具的位置是固定的还是移动的。人工照明如图 5-3、图 5-4 所示。

2. 灯具的分类

（1）按灯具的结构分类

图 5-3　温馨的卧室灯光

图 5-4　多种照明方式结合

1）开启型灯具。光源与外界空间直接相通。

2）闭合型灯具。具有闭合的透光罩，但罩内外仍能自然通气，如半圆罩无栅灯和乳白色玻璃球形灯等。

3）封闭型灯具。透光罩接合处加一般填充封闭，与外界隔绝比较可靠，罩内外空气可有限流通。

4）密闭型灯具。透光罩接合处严密封闭，罩内外空气相互隔绝。如防水防尘灯具和防水防压灯具。

5）防爆型灯具。透光罩及接合处、灯具外壳均能承受要求的压力，能安全使用于有爆炸危险性质的场所。

6）隔爆型灯具。在灯具内部发生爆炸时，火焰经过一定间隙的防爆面后，不会引起灯具外部爆炸。

7）安全型灯具。在正常工作时不产生火花、电弧，或在危险温度的部件上采用安全措施，以提高其安全程度。

（2）按安装方式分类

1）壁灯。将灯具安装在墙壁上、庭柱上，主要用于局部照明、装饰照明和不适宜在顶棚安装的灯具。

2）吸顶灯。将灯具吸贴在顶棚面上，主要用于没有吊顶的房间内。

3）嵌入式灯。嵌入式灯适用于有吊顶的房间，灯具是嵌入在顶棚内安装的。这种灯具能有效地消除眩光，与吊顶结合能形成美观的装饰艺术效果。

4）半嵌入式灯。半嵌入式灯将灯具的一半或一部分嵌入顶棚内，另一半或一部分露在顶棚外面，它介于吸顶灯和嵌入式灯之间。这种灯在消除眩光的效果上不如嵌入式灯，但它适用于顶棚吊顶深度不够的场所，在走廊等处应用较多。

5）吊灯。吊灯是最普通的一种灯具安装方式，也是最广泛的一种。它主要是利用吊杆、吊链、吊管、吊灯线来吊装灯具，以达到不同的效果。

6）地脚灯。地脚灯的主要作用是照明走道，便于人员行走，它的优点是避免刺眼的光线，特别是夜间起床开灯，不但可减少灯光对自己的影响，同时还可以减少灯光对他人的影响。地脚灯都安装在墙内，一般是距离地面高度 0.2～0.4m。地脚灯的光源采用白炽灯，外壳由透明或半透明玻璃或塑料制成，有的还带金属防护罩。

室内灯具还包括有台灯、落地灯、移动式灯具、自动应急灯、指示灯和娱乐场所的灯具等。

5.1.2 室内照明的基本概念

照明的目的一方面是给室内的各种对象适宜的光分布，通过视觉达到正确识别人们所欲知的对象和确切了解人们所处的环境状况；另一方面则要创造满足人们生理和心理要求的室内空间环境，使人从精神上感到满足。照明设计的正确定位应该是以人为本，出色的照明设计应该把使用者的所有不同需求及其生活方式考虑在内，注重运用不同类型的照明装置，从而满足人、室内空间和重点物品三要素对光线的需求，其中最重要的是考虑如何为使用空间中的人提供照明。根据照明目的的不同，照明分为明视照明和环境照明。

1. 明视照明

以工作面上的需视物为照明对象的照明技术称为明视照明。例如生产车间、办公室、教室和商场营业厅等室内空间的照明均以明视照明为主。

2. 环境照明

以周围环境为照明对象，并以舒适感为主的照明称为环境照明。例如剧场休息厅、门厅和宾馆客房的照明是以环境照明为主。

5.1.3　照明标准

为了获得良好的照明效果，设计者必须先确定在每个房间要进行什么样的活动，为这些活动提供什么样的灯光，然后把一般照明与局部照明联系在一起。也就是说，室内的一般照明是完全必要的，它可使光线充满整个房间，给予顶棚、家具的垂直表面适当的照度，同时又可减少照度较高的工作面与环境之间的亮度比；而局部照明可以在工作面上获得较高的水平照度。因此，一般照明和局部照明相结合的方式是居室的最佳照明方式。

照度的高低对室内气氛有着极其明显的影响。高照度通常能增加人们的活力，并且是视觉活动所需要的；而低照度则可形成适于休息、交谈、看电视或听音乐的愉悦气氛。住宅中的视觉活动较复杂，照度的要求也不尽相同，如晚间生活、读书就需要较高的照度，用餐、洗碗等则要求中等的照度。因此，如果是多功能使用的房间，最好设置多种灯具，并采用多点控制或用调光开关来控制。

5.1.4　照明设计的基本原则

"安全、适用、经济、美观"是照明设计的基本原则。

安全性是指照明设计必须考虑照明设施安装、维护的方便、安全以及运行的可靠。在选择照明设备时，必须充分考虑环境条件（空气温度、湿度、含尘、有害气体或蒸汽、辐射热等），并注意防止可能发生的触电事故。适用是指照明设计能提供一定数量和质量的照明，保证规定的照度水平，满足工作、学习和生活的需要。一般生活和工作环境，需要稳定柔和的灯光，使人们能适应这种光照环境而不感到厌倦。灯具的类型、照度的高低、光色的变化等，都应与使用要求相一致。

照明设计的经济性包含两个方面的意义：一方面是采用先进技术，充分发挥照明设施的实际效益，尽可能以较小的费用获得较大的照明效果；另一方面是在确定照明设施时要符合我国当前在电力供应、设备和材料方面的生产水平。

照明设计具有装饰房间、美化环境的作用。特别是对于装饰性照明，更应有助于丰富空间的深度和层次，显示被照物体的轮廓，表现材质美，使色彩和图案更能体现设计意图，达到美的意境，从而影响空间体量感与装修表现观感上的环境气氛。但是，在考虑美化作用时应从实际情况出发，注意节约。对于一般的生产、生活福利设施，不能为了照明装置的美观而花费过多的投资。

环境条件对照明设施有很大的影响。要使照明设计与环境空间相协调，就要正确选择照明方式、光源种类、灯泡功率、灯具数量、形式与光色，使照明在改善空间体量感、形成环境气氛等方面发挥积极的作用。

5.2　室内照明方式的介绍

照明方式通常分为一般照明（包括分区一般照明）、局部照明和混合照明。选择合理的照明方式，对改善照明质量、提高经济效益和节约能源等有重要作用，并且还关系到建筑装修的整体艺术效果。

5.2.1　一般照明

一般照明是指不考虑局部的特殊需要，为照亮整个室内而采用的照明方式。一般照明由对称排列在顶棚上的若干照明灯具组成，室内可获得较好的亮度分布和照度均匀度，所采用的光源功率较大，而且有较高的照明效率。这种照明方式耗电大，布灯形式较呆板。一般照明方式适用于无固定工作区或工作区分布密度较大的房间，以及照度要求不高但不能出现眩光和不利光向的场所，如办公室、教室等。均匀布灯的一般照明，灯具的距高比（指灯具布置的间距与灯具悬挂的高度，即灯具距工作面的高度之比）不宜超过所选用灯具的最大允许距高比，并且边缘灯具与墙的距离不宜大于灯间距离的1/2，可参考有关的照明标准设置。

为提高特定工作区照度，常采用分区一般照明。根据室内工作区布置的情况，将照明灯具集中或分区集中设置在工作区的上方，以保证工作区的照度，并将非工作区的照度适当降低至工作区的1/5～1/3。分区一般照明不仅可以改善照明质量，获得较好的光环境，而且可以节约能源。分区一般照明适用于某一部分或某几部分需要有较高照度的室内工作区，并且工作区位置相对稳定。如旅馆大门厅中的总服务台、客房和图书馆中的书库等。

5.2.2　局部照明

局部照明是为了满足室内某些部位的特殊需要，在一定范围内设置照明灯具的照明方式。通常将照明灯具装设在靠近工作面的上方。局部照明方式在局部范围内能以较小的光源功率获得较高的照度，同时也易于调整和改变光的方向。局部照明方式常用于下述场合：局部需要有较高照度；由于遮挡而使一般照明照射不到某些范围；需要减小工作区内反射眩光；为加强某方向光照以增强建筑物质感。但在长时间持续工作的工作面上，仅有局部照明容易引起视觉疲劳。

5.2.3　混合照明

混合照明是由一般照明和局部照明组成的照明方式，在一定的工作区内由一般照明和局部照明配合起作用，保证应有的视觉工作条件。良好的混合照明方式可以增加工作区的照度，减少工作面上的阴影和光斑；在垂直面和倾斜面上获得较高的照度；减少照明设施总功率，节约能源。混合照明方式的缺点是视野内亮度分布不匀。为了减少光环境的不舒适程度，混合照明中一般照明的照度应占该等级混合照明总照度的5%～10%，且不宜低于20lx。混合照明方式适用于有固定的工作区，照度要求较高并需要有一定可变方向光照明的房间，如医院的妇科检查室、牙科治疗室，缝纫车间等。

5.3　照明设计程序

5.3.1　收集照明设计的基础资料

1. 设计对象

根据照明装置的用途，作业性质，作业延续时间，使用人的职业和年龄，建筑为新建还是翻修，预期使用年限及其他因素等进行考虑。

2. 设计要素

设计中要考虑的主要因素如下：

（1）建筑　建筑空间的大小、形状、风格，室内表面的反射比与质地，照明同家具陈设、空调、报警及自动洒水等设备系统的协调布置。

（2）空间的利用　了解空间如何使用，工作地点分布，在室内进行作业的频繁程度和重要性。

（3）颜色　灯具的颜色要同室内装修色彩配合。如果需要辨认室内空间中物体的颜色，则灯具的显色性也很重要。

（4）经济因素　照明系统的投资及运行费用。

（5）节能　是否符合节能要求和规定。

（6）物理因素　允许的噪声级别、温度、振动及电压变化等都会影响照明设备的选择。

（7）使用环境　灰尘多、潮湿、有化学腐蚀和爆炸危险等特殊环境的照明，要使用防护级别合格的照明设备。

（8）安全和应急照明　照明系统应包含必要的应急照明设备。

（9）维护管理　在设计阶段就应考虑选择便于维护的照明设备，并制定切实可行的维护管理计划，以保证照明系统高效地运行。

3. 设计标准

照度水平是光环境的基本质量指标。但大量的研究和实践表明，对提高可见度和视觉舒适感来说，达到一定的照度水平以后，改善质量比增加照度更为有效。需要考虑的质量因素是：对比显现因数，眩光，周围环境亮度，灯具色表，显色性等。

5.3.2　确定照明设计方案

1. 设计方案形成的步骤

1）确定照度水平、质量指标。

2）选择照明方式和照明设备。

3）照明计算及经济分析。

4）照明布局。

5）照明装置的细部设计。

2. 设计评价

通过计算、模型以至建造足尺寸样板间等手段评定设计方案是否达到设计目标，决定是否修改方案，最终使其满足所有的标准。

3. 测量与鉴定

照明系统建成以后，对使用中的光环境进行现场测量，并征询使用人的意见。

5.3.3　编制照明设计文件、绘制照明设计施工图

根据收集的照明设计资料和确定的照明设计方案，编写照明设计文件，绘制照明设计施

工图，确定照明方式和照明种类，主要涉及以下内容：

1）选择光源和灯具类型。

2）进行照度计算，确定光源的安装功率。

3）选择供电电压和供电方式。

4）确定照明配电系统。

5）选择导线和电缆的型号及布线方式。

6）选择配电装置、照明开关和其他电气设备。

7）绘制照明平面布置图，同时汇总安装容量，列出主要设备和材料清单。

5.4 灯具造型艺术

5.4.1 灯具的布局

灯具的布置应具有合理性。首先，要确定采用哪一种照明方式，选用何种光源，查出该场所的照度标准，算出所需要的照明安装功率或灯具个数，再进行灯具布置。通常需考虑以下要素：

1）满足工作面上的照度、均匀度要求。可通过均匀布灯来服务在整个工作面有均匀照明要求的场所。一般照明大多采用这种方式。均匀布灯通常将同类型灯具按等分面积布置成单一的几何图形，如直线型、正方形、矩形、菱形、角形及满天星形等，排列形式以眼睛看到灯具时产生的刺激感最小为原则。同时，不同的布灯方式还会给人造成不同的心理影响。例如，在绘图室、图书馆阅览室等空间中，将荧光灯光带沿房间纵向布置，既能满足照度和均匀度的要求，又能给人以良好的效能感、秩序感和安静感。

2）局部应有足够亮度的选择性布灯。选择性布灯通常只用在局部照明或定向照明中。选择性布灯是为了突出某一部位（物体）或加强某个局部的照度，或为了创造某种装饰效果、环境气氛时采用的布灯方式。灯的具体布置位置要根据不同照明目的、主视线角度及需突出的部位等许多因素决定。局部照明、重点照明和辅助照明均由选择性布灯实现。

3）光线射向要适当，眩光限制在允许范围内，无阴影。

4）考虑节能，尽量提高利用系数。

5）检修、维护方便，用电安全。

6）布置美观，与建筑及室内空间的装饰气氛和装饰格调协调。灯具布置的美观性非常重要。在近距离时，每一个灯具的具体细节都很引人注意，如造型、颜色、材料和表面质感等；而在远距离时，灯具的整体布置就显得突出了，并且灯具给人的印象与总的照明效果有关。这种整体设计配置是由一个个灯具组合起来的，比各个部分的单纯组合表现得更加丰富。

5.4.2 固定式装饰灯具的应用

1. 吊灯

吊灯是较为重要的居室主灯饰，比室内其他物品更吸引人的视线。吊灯能使空间明亮、简洁，集体组合时能大大提高居室照明度，单体也可作为局部照明使用。但吊灯的价格相对较高。

选择吊灯时需注意把握空间高度与吊灯悬挂长度的比例，以及灯具大小和房间之间的协调关系。吊灯造型复杂度视情况而定，以方便拆洗为宜。吊灯照明如图5-5、图5-6所示。

图5-5　客厅吊灯照明

图5-6　餐厅吊灯照明

2. 吸顶灯

吸顶灯是居室中常见的灯具之一，安装方法是直接安装在顶棚上，一般有白炽灯罩或日光灯带两种。吸顶灯的灯罩形式多样，有透明灯罩，也有磨砂灯罩。吸顶灯适用于卫生间、厨房、过道等需要大面积照明的场所。吸顶灯的品种很多，采用时应注意风格统一，可以在大小上做一些调整，取得协调一致的效果。灯罩式吸顶灯如图5-7所示。

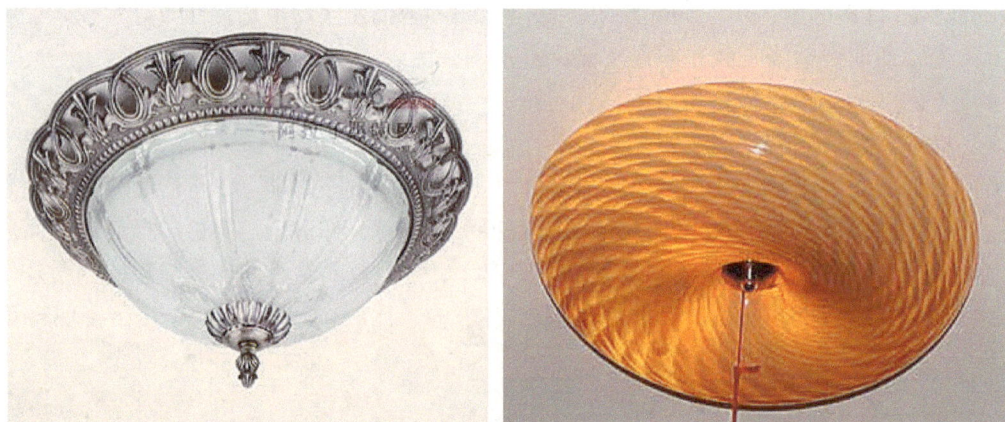

图5-7　灯罩式吸顶灯

3. 壁灯

壁灯具有较强的装饰效果，安装在墙壁上，可以起到方便使用和丰富墙面效果的作用，一般设置在走廊、床的两侧等处。安装壁灯灯座时注意既不要碰头，也不可离顶棚太近，否则会破坏它的造型。另外，壁灯设置不可太多。

4. 射灯

射灯的照射方向可随意改变，有独立式和轨道式等形式。轨道式可将多盏射灯安装在一起，照射位置可以随意调整。射灯多使用石英灯泡。购买时最好选择配备小型变压器的品种，否则极易烧坏灯泡。

5. 镶嵌灯

镶嵌灯是嵌入吊顶中的灯具，多为筒状或投射灯。镶嵌灯的灯泡最好是节能灯管，也可以是白炽灯。镶嵌灯的灯泡在配置时一定要嵌入筒内，以从外观上尽量看不到灯泡露在外面为宜。

5.4.3　移动式装饰灯具的应用

1. 台灯

台灯多设置于台面、矮柜或桌面上，是卧室必备灯具，同时也可作为客厅或书房的局部照明灯具。台灯的光线具有方向性，一般在被照射区域十分明亮，而周围则形成自然的光晕，十分美观。台灯的造型和色彩品种繁多，应根据室内主色调和风格进行选择，如图 5-8 所示。

图 5-8　卧室床头台灯

2. 落地灯

落地灯又称为立灯，是利用支杆支撑灯罩组成的装饰灯具。立杆可以是金属杆，也可以配合家具采用木雕杆，但灯罩风格要与立杆匹配。近来，向上射光的立式落地灯应用越来越广泛，它经常被用来照明被选择的物体，通常设置在沙发或茶几旁边，既满足局部照明的需要，又起到很好的装饰作用。选购时应注意灯具的立杆与灯罩比例一定要协调，不能出现"头重脚轻"的不安全因素，灯泡也不宜过亮，以 25 ~ 40W 为宜。客厅落地灯如图 5-9 所示。

图 5-9　客厅落地灯

5.4.4　霓虹灯的安装要求

1）灯管应完好、无破裂。

2）灯管应采用专用的绝缘支架固定，且必须牢固可靠。专用支架可采用玻璃管制成。固定后的灯管与建筑物、构造物表面的最小距离不宜小于 20mm。

3）霓虹灯专用变压器所供灯管长度不应超过允许负载长度。

4）霓虹灯专用变压器的安装位置宜隐蔽，且方便检修，但不宜装在吊顶内，并不宜被非检修人员触及。明装时，其高度不宜小于 3m；当小于 3m 时，应采取防护措施；在室外安装时，应采取防水措施。

5）霓虹灯专用变压器的二次导线和灯管间的连接线，应采用额定电压不低于 15kV 的高压尼龙绝缘导线。

6）霓虹灯专用变压器的二次导线与建筑物、构造物表面的距离不应小于 20mm。

5.5　室内光环境设计实例

1. 玄关照明

玄关给人的第一印象非常重要。在玄关的主要活动一般是换鞋与开门、关门等，因此所需要的照度不大。本案例中灯具以装饰性为主，光线不太强烈，以缓和人在进出时由亮而暗或由暗而亮时的感觉。用射灯、筒灯或对称的壁灯可以营造出很好的气氛，开关可用感应式或荧光开关，如图 5-10 所示。

2. 客厅照明

客厅是多功能性的空间，为了兼顾客厅各区域的各种活动，灯光转换比较多。本案例中客厅顶棚用嵌灯和反射灯，光线比较柔和，而且可根据需要而设置局部开启，再结合活动的需要，在沙发旁、电视墙或特定的区域以射灯、台灯或落地灯作为补充，如图 5-11 所示。

图 5-10　玄关吊顶暗藏灯带

图 5-11　客厅立面筒灯

3. 餐厅照明

餐厅的灯光可营造用餐气氛，吊灯是设计的首选。如图 5-12 所示，本案例中灯具的造型简单，清洗比较方便。因为除要顾及餐桌面上的照明外，还要兼顾旁边活动的需要，所以餐厅除了主灯外，还有辅助灯。餐柜两端有壁灯，与顶上吊灯可同时微调。另外，安装射灯处可挂设装饰画烘托气氛。

图 5-12　餐厅灯光调节气氛

4. 厨房照明

明亮、健康、卫生是形成厨房良好空间的必要条件。如图 5-13 所示，本案例中采用自然采光光源，安排照明时，操作者没有背光，这样可看清工作内容。厨房设置了一盏主顶灯，在灶台、操作台设置正面照射的局部灯，以方便操作。

不管是离灶台远的主照明灯，还是作为局部照明设在吊柜下的灯带、暗槽灯等，灯泡和灯罩均会受油烟及水蒸气等的污染而使照度降低，因此应采用拆换容易、维修简便的灯具。

5. 卧室照明

卧室是休息的地方，一般而言，应避免用主灯。如图 5-14 所示，本案例中以局部照明处理，多利用镶嵌灯，选用暖色光的灯具，感觉较为温馨。

图 5-13　厨房照明

图 5-14　卧室组合照明效果

当卧室空间较大时，可以运用一般照明、局部照明等多种照明方式。本案例中吊灯起到一般照明的作用，除此之外，卧室还设置了局部组合照明。因为一般照明很容易影响另外一个人的起居，而局部照明避免了相互间的影响。同时，床头灯选用台灯，款式相同，有平衡感。

6. 卫生间照明

如图 5-15 所示，本案例中卫生间因为湿度太高，浴霸安装在其顶部，密封、安全，使用拉启式的开关，可防止触电。浴镜前装灯，可照亮人的面部，从两侧射来的灯光可对面部起到修饰效果。

图 5-15　卫生间照明

思 考 题

1. 简述常见灯具的种类及其作用。
2. 简述照明设计的基本原则。
3. 简述建筑装饰设计的照明方式。
4. 结合自己的体会谈谈灯具和照明对塑造空间环境的作用。
5. 在灯具市场进行调查后，对目前市场上流行的灯具类型及其特点进行文字分析。

参 考 文 献

[1] 来增详，陆震纬. 室内设计原理：上册 [M]. 北京：中国建筑工业出版社，1996.
[2] 刘伟平. 住宅室内设计 [M]. 北京：中国建筑工业出版社，2007.
[3] 沈渝德、刘冬. 住宅空间设计教程 [M]. 重庆：西南师范大学出版社，2006.
[4] 李光耀. 室内照明设计与工程 [M]. 北京：化学工业出版社，2007.
[5] 李文华. 室内照明设计 [M]. 北京：中国水利水电出版社，2007.
[6] 吴蒙友、李记荃、李远达. 建筑室内光环境设计 [M]. 北京：中国建筑工业出版社，2007.

第6章 室内景观设计

6.1 室内绿化

6.1.1 室内绿化的作用

1. 改善室内环境条件

室内绿化可以在一定范围内调节室内温度和湿度，净化室内空气，减少噪声，从而改善室内环境。现代科学实验证明，绿色植物所具有的各种生态功能，有利于人体健康。不少室内植物具有比较茂盛的枝叶，可以起到吸收有毒气体、过滤空气和吸附尘埃的作用。许多植物还能向空气中分泌出具有杀菌性能的挥发性有机物质，有利于杀灭室内空气中的细菌。绿色植物在进行光合作用时，会蒸发或吸收一部分水分，这就使它在一定程度上具有类似调湿机的功能。在干燥季节时，可以增加室内的湿度，而在梅雨等多雨潮湿季节时，可以适当降低室内空气中的水分含量，从而能在一定范围内调节室内空气的湿度。特别是大型的观叶植物，具有繁密的枝叶，可以遮挡部分阳光，吸收一部分阳光和热量，也可以吸收一部分紫外线，从而起到遮阳和调节室内温度的作用。同时，茂盛的枝叶对于声波的反射和漫射也有一定的影响，有利于降低室内噪声，保持良好的听觉环境。

此外，在现代建筑内部，冬天常关起门来供暖，夏天则启用空调，结果导致空气中正离子浓度偏高，会使人感到头晕和胸闷，而植物能有助于调节正负离子的平衡，使人感到舒适。

2. 满足精神心理需求

室内绿化可以使人获得回归自然的感觉，得到心理和精神的平衡。现代心理学的研究指出，室内绿化能够松弛人们的精神。当人们经过紧张的工作学习之后，室内绿化可以使视神经得到放松，减少对眼睛的刺激，并且使大脑皮层受到良好的刺激，有助于放松精神和消除疲劳。所以，人们在宾馆大堂和现代办公室中经常喜欢放置一些植物。当人们情绪烦躁不安时，室内绿化能安抚情绪，使人心平气和。当人感到室内环境缺乏生气时，生机盎然的绿色植物则可使人感到生机勃勃，体会到无穷的生命力。

3. 美化室内环境

室内绿化对室内环境的美化作用早已受到人的重视，它常常可起到强调、衬托、完善和柔化等作用。首先，室内绿化经过精心设计后再施工，并与灯具、织物和小品等巧妙结合，具有艺术感染力，并能表现出综合的艺术效果，可以强化主题思想，加强某种特定环境气氛的形成，甚至可以成为室内环境中的视觉中心，给人以美的享受。如图6-1所示，餐厅内布置了不少绿化植物，使整个室内空间绿意盎然，突出强调其宁静安谧的就餐气氛。其次，形状、色彩、质感等相近似的室内绿化常有助于形成统一感，构成良好的视觉背景，对于衬托室内空间的主体形象具有重要的作用。如图6-2所示，休息座椅以绿色植物作为背景，展现出一种亲切幽雅的氛围。

图6-1 绿化丰富的空间

图6-2 绿化与座椅的配合

室内设计中，常会出现一些剩余空间或难以处理的空间。在这种情况下，室内绿化就能发挥其独特的充实空间的作用。如图6-3所示，设计者在楼梯踏步边缘和楼梯底部等处的剩余空间中巧妙地布置了大小不同的绿色植物，使之充满了活力与生机。

此外，由于植物具有丰富的形态，因而在阳光照射下，可以形成变化多端的光影效果，如在特定的灯光下，则又有特定的光影效果，这对于调整和完善空间效果有着重要的作用。绿色植物除了有强调、衬托和完善等美化作用外，柔化作用也是它的一大特点。在现代建筑中，存在着大量的钢筋混凝土材料，导致室内环境中充斥着大量冰冷的几何形线条，给人以冷漠的感觉。而室内绿化却能以其千变万化的姿态打破这种生硬感和呆板感，发挥柔化作用，使内部空间显得更诱人、更柔和、更富人情味。如图

图6-3 绿化在剩余空间的运用

6-4所示，就是利用大量绿色植物柔化了中庭环境，使人感到餐厅充满了人情味和自然气息。

4. 组织室内空间

室内绿化在室内空间组织中具有重要作用，植物、山石和水体等都可以成为联系空间或分隔空间的重要组成部件。建筑一般都由很多空间组成，它们之间的联系常可通过室内绿化来完成，这种联系一般较实体构件的联系更为自然、更为生动。如图6-5所示，就是用流水及绿化来加强上下层空间之间的联系。在现代室内设计中，人们还常运用植物、花坛和水池等进行空间限定，在大空间中形成若干个功能不同的小空间。这种方法不但灵活自然，而且还具有美化环境的作用。

图6-4　某民族餐厅中庭绿化

图6-5　绿化加强上下层空间联系

6.1.2　室内绿化的类型与布局

1. 室内绿化植物的类型

室内植物的种类很多，根据植物的观赏特性及室内造景的需要，可以把室内植物分为室内自然生长植物和室内仿真植物两大类。

（1）室内自然生长植物　从观赏角度来看，室内自然生长植物可分为观叶植物、观花植物、观果植物、藤蔓植物、闻香植物、室内树木与水生植物等种类。

1）观叶植物。指以植物的叶茎为主要观赏特征的植物类群。此类植物叶色或青翠、或红艳、或斑斓，叶形奇异，叶繁枝茂；有的还四季常绿，经冬不凋，清新幽雅，极富生气。其代表性的植物品种有文竹、吊兰、竹子、芭蕉、吉祥草、万年青、天门冬、石菖蒲、常春藤、富贵竹、橡皮树、红叶李等。

2）观花植物。此类植物按照形态特征又分为木本、草本、宿根、球根四大类，代表性植物有玫瑰、玉兰、迎春、翠菊、一串红、美女樱、紫茉莉、凤仙花、半枝莲、五彩石竹、玉簪、蜀葵、倒挂金钟、大丽花等。

3）观果植物。此类植物春华秋实，结果累累。有的如珍珠，有的似玛瑙，有的像火炬，色彩各异，可赏可食。代表性植物有石榴、枸杞、火棘、天竺、金橘、玳玳、文旦、佛手、紫珠、金枣等。

4）藤蔓植物。此类植物包括藤本和蔓生型两类。前者又有攀援型和缠绕型之分，如常春藤类、白粉藤类，龟背竹和绿萝等属于攀援型；而文竹、金鱼花、龙吐珠等属于缠绕型。

后者指有匍匐茎的植物，如吊兰、天门冬等。藤蔓植物大多用于室内垂直绿化，多作为背景。

5）闻香植物。此类植物花色淡雅，香气幽远，沁人心脾，既是绿化、美化、香化居室的材料，又是提炼天然香精的原料。代表性植物有茉莉、白兰、珠兰、米兰、栀子、桂花等。

6）室内树木。此类植物除了观叶植物的特征外，树形也是一个重要的特征。常见的有棕榈形，如棕榈科植物、龙血树类、苏铁类和桫椤等；圆形，如白兰花、桂花、榕树类等；塔形，如南洋杉、罗汉松、塔柏等。

7）水生植物。此类植物有漂浮植物、浮叶根生植物、挺水植物等几类，在室内水景中可引入这些植物以创造更自然的水景。漂浮植物如凤眼莲、浮萍，可植于水面；浮叶根生的睡莲可植于深水处；水葱、旱伞草、茨菰等挺水植物植于水中；湿地处还可植玉簪、鸢尾等湿生性植物。水生植物大多喜光，随着近年来采光和人工照明技术的发展，水生植物正在走向室内，逐渐成为室内环境美化中的一员。常用的室内绿化植物见表6-1。

表6-1 常用的室内绿化植物

观赏特性	植物名称	色泽		花期	温度/℃	光强	湿度	配置方式
		叶色	花色					
观叶类	彩叶红桑	红橙	黄		20～30	强	中	固定栽植
	菠叶斑马			夏季	15～18	强	中	
	斑粉菠萝			夏季	15～18	强	中	
	龙舌兰	灰绿	淡黄		15～25	强	低	
	广东万年青				20～25	弱	高	
	海芋				28～30	弱	中	
	芦荟				20～30	强	低	
	火鹤花		红	夏季	20～30	中	高	
	斑马爵床		淡黄	春季	25～30	中	高	
	南洋杉				10～20	中	中	
	假槟榔			夏季	28～32	中	中	
	孔雀木				16～21			固定栽植
	富贵竹				18～21	中	高	
	吊兰	绿白黄	白	春季	24～30	强	高	
	龟背竹				15～20	中	中	
	鸭脚木				16～21	强	中	固定栽植
	春羽				16～21	中	高	
	一叶兰			春季	10～18	弱	低	

（续）

观赏特性	植物名称	色　泽		花　期	温度/℃	光强	湿度	配置方式
		叶色	花色					
观花类	杜鹃		白红	冬春季	4~16	强中	中	
	倒挂金钟		白红紫	春季	15~20	中	中	
	喜花草		蓝紫	冬春季	15~20	强	中	
	水仙		黄	冬春季	4~10	中	中	
	山茶		白红	秋季	4~16	中	中	固定栽植
	天竺葵		白红	四季	4~10	强	中	
	八仙花		白红蓝	夏季	18~28	中	中	
	悬铃花		红	四季	16~21	强	中	
	扶桑		红	四季	16~21	强	中	
	君子兰		黄	冬季	10~16	中	中	
	含笑		白	夏季	4~10	中	中	固定栽植
	瓜叶菊		白红蓝	四季	8~10	强	中	
	风兰		白	夏季	10~21	中	中	
	春兰		黄绿	春季	4~10	中	中	
	迎春			春季	4~10	强中	中	
	马蹄莲		白	冬春季	10~21	强中	中	湿性盆栽
	报春花		白红蓝	秋冬季	4~10	中	中	
	四季海棠			四季	10~16	强中	中	
观果类	金橘		白	四季	10~16	强	中	
	万年青		白	夏季	10~25	弱中	中	
	月季石榴		红	四季	10~16	强	中	
	艳凤梨		紫红	四季	16~21	强	中	
	南天竹		白	秋季	10~25	中	中	
	冬珊瑚（吉庆果）		白	夏秋季	15~25	强	中	
	枸杞		紫红	夏秋季	10~20	强	高	
	珊瑚樱		白	夏秋季	4~16	强	中	
藤蔓类	常春藤类				4~13	强	中	攀援悬挂
	文竹		白	春夏季	4~10	中	高	攀援
	绿萝				16~21	中	高	攀援悬挂
	嘉兰		红黄		5~10	中	中	攀援
	蟹爪兰		白红黄		20~30	强	中	攀援
	兜兰				18~25	中	高	攀援
	天门冬				4~10	中	中	攀援悬挂
	宽叶吊兰				4~13	中	中	悬挂

（续）

观赏特性	植物名称	色泽		花期	温度/℃	光强	湿度	配置方式
		叶色	花色					
闻香类	瑞香		白红	秋冬季	4~10	中	中	
	桂花		白黄	秋季	4~13	中	中	固定栽植
	玉簪		白	夏季	4~10	中	中	
	虎尾兰		白	春夏季	16~21	弱	低	
	昙花		白	夏季	16~21	强	低	
	文殊兰		白	夏季	5~10	强	中	
	夜香树		白	夏季	10~16	强	中	
	金粟兰		黄	秋季	10~16	中	中	
树木类	罗汉松				4~13	强	中	地面盆栽
	龙柏				4~13	强	中	固定栽植
	棕竹				4~10	中	中	固定栽植
	南洋杉				4~13	中	中	固定栽植
	变叶木				18~21	强	中	固定栽植
	桫椤				18~21	中	高	固定栽植
	苏铁				4~13	中	中	固定栽植
	巴西铁树				18~21	中	中	固定栽植
	茸茸椰子				13~16	中	高	地面盆栽
	蒲葵				10~16	中	中	固定栽植
	紫竹				0~4	中	中	固定栽植
	琴叶榕				18~21	中	中	地面盆栽
	散尾葵				18~21	中	高	固定栽植
	月桂	黄		春季	4~13	强	中	固定栽植
水生类	睡莲		红	夏季	4~10	强	中	水性盆栽
	水葱				4~10	强	中	湿性盆栽
	香蒲				4~10	强	中	湿性盆栽
	玉簪		蓝紫	夏季	4~10	中	中	湿性盆栽
	凤眼莲		蓝紫	夏季	4~10	强	中	水面盆栽
	旱伞草				4~10	强	中	注水盆栽

（2）室内仿真植物　室内仿真植物是指用人工材料（如塑料、绢布等）制成的观赏性植物，也包括经防腐处理的植物体再组合后形成的仿真植物。随着制作材料及技术的不断改善，加上一般家庭和单位没有足够的资金提供植物生存所需的环境条件，使得这种非生命植物越来越受到人们的欢迎。虽然仿真植物在健康效益及多样性方面不如具有生命力的室内绿化植物，但在某些场合确实比较适用，特别是在光线阴暗处、光线强烈处、温度过低或过高处、人难到达处、结构不宜种植植物处、特殊环境、养护费用低等处，具有很强的实用

价值。

2. 室内绿化植物的布局方式

室内空间中布置绿色植物，首先要考虑室内空间的性质和用途，然后根据植物的尺度、形状、色泽和质地，充分利用墙面、顶面和地面来布置植物，达到组织空间、改善空间和渲染空间的目的。近年来，许多大中型公共建筑常常建有高大宽敞、具有一定自然光照的"共享空间"，是布置大型室内景园的绝妙场所。如图6-6所示，广州白天鹅宾馆就设置了以"故乡水"为主题的室内景园。宾馆底层大厅贴壁建成一座假山，山顶

图6-6　广州白天鹅宾馆室内景园

有亭子，山壁瀑布直泻而下，壁上种植各种耐湿的蕨类植物，沿阶草和龟背竹。瀑布下连接曲折的水池，池中有鱼，池上架桥，引导游客欣赏风光。池边种植旱伞草、艳山姜、棕竹等植物，高空悬吊巢蕨。绿色植物与室内空间关系处理得水乳交融，优美的室内园林景观使游客流连忘返。

室内绿化植物布局的方式多种多样、灵活多变，从其形态上可将其归纳为以下四种形式：

（1）点状布局　点状布局指独立或组成单元集中布置的绿化布局方式。这种布局常常用于室内空间的重要位置，除了能加强室内的空间层次感外，还能成为室内的景观中心。因此，在植物选用上更加强调其观赏性。点状绿化可以是大型植物，也可以是小型花木。大型植物通常放置于大型厅堂之中；而小型花木，则可置于较小的房间里，或置于几案上，或悬吊布置。

（2）线状布局　线状布局指绿化呈线状排列的形式，有直线式和曲线式之分。直线式是指用数盆花木排列于窗台、阳台、台阶或厅堂的花槽内，组成带式、折线式，或呈方形、回纹形等，能起到区分室内不同功能区域，组织空间，调整光线的作用；曲线式则是指将花木排成弧线形，如半圆形、圆形、S形等多种形式，且多与家具结合，并借以划定范围，组成较为自由流畅的空间。另外，利用植物高低不同创造出有韵律、高低相间的花木排列，形成波浪式绿化，也是曲线布局的一种表现形态。

（3）面状布局　面状布局是指成片布置的室内绿化形式，常用于大面积空间和内庭之中。它通常由若干个点组合而成，多数用作背景，绿化的体、形、色等都应以突出其前面的景物为原则。有些面状绿化可以用于遮挡空间中有碍观瞻的东西，此时它不是背景，而是空间内的主要景观点。绿化的面状布局形态有规则式和自由式两种，其布局一定要有丰富的层次，并达到美观耐看的艺术效果。

（4）综合布局　综合布局是指由点、线、面有机结合构成的绿化形式，是室内绿化布局中采用最多的方式。它有点、有线，又有面，且组织形式多样，层次丰富。布置中应注意植物的高低、大小、聚散关系，并要在统一中有变化，以传达出室内绿化丰富的内涵和主题。

6.2 室内水景与石景

6.2.1 室内水景

水是在建筑内外空间环境设计中运用最频繁的自然要素。它与植物、山石相比，富于变化，具有动感，因而能使室内空间更富有生命力。室内水体景观还可以改善室内气候，烘托环境气氛，形成某种特定的空间意境与效果。

1. 室内水体的类型

所有的室内水体景观均有曲折流畅、滴水有声的景观效果，为室内环境平添了独具一格的艺术魅力。室内水体的类型主要有喷泉、瀑布、水池、溪流与涌泉等形式。

（1）喷泉　喷泉的基本特点是活泼。喷泉有人工与自然之分，自然喷泉是在原天然喷泉处建房构屋，将喷泉保留在室内。人工喷泉形式种类繁多，其喷射形式有单射流、集射流、散射流、混合射流、球形射流和喇叭形射流等。由机械控制的喷泉，其喷头、水柱、水花、喷洒强度和综合形象都可按设计者的要求进行处理。近年来，又出现了由计算机控制的音乐喷泉、时钟喷泉、变换图案喷泉等。喷泉与水池、雕塑、山石相配，再加上五光十色的灯光照射，常能取得良好的视觉效果。室内喷泉如图6-7所示。

图6-7　室内喷泉

（2）瀑布　在所有水景中，动感最强的可能要数瀑布了。在室内利用假山叠石，低处挖池作潭，使水自高处泻下，击石喷溅，俨然有飞流千尺之势，其落差和水声可使室内空间变得有声有色，静中有动。

（3）水池　水池的基本特征是平和，但又不是毫无生气的寂静。在室内筑池蓄水，倒影交错，游鱼嬉戏，水生植物飘香，使人浮想联翩，心旷神怡。水池的设计主要是平面变化，或方、或圆、或曲折成自然形。此外，池岸采用不同的材料，也能体现不同的风格意境。水池也可因不同的深浅而形成滩、池、潭等。室内水池如图6-8所示。

（4）溪流　溪流属于线形水体，水面狭而曲长。水流因势回绕，不受拘束。在室内一般在大小水池之间挖沟成涧，或轻流暗渡，或环屋回萦，使室内空间变得更加自如。

（5）涌泉　涌泉是现代建筑内部空间环境中最为活跃的水体景观。它能模拟自然泉景，或喷成水柱，或细流涓滴，或砌成井口布置成甘泉景观，其景观效果极为生动，富有情趣。

2. 室内水体的配置形式

用于室内设计的水体配置形式主要包括构成主景、作为背景和形成纽带等。

（1）构成主景　瀑布、喷泉等水体，在形状、声响和动态等方面具有较强的感染力，能使人们得到精神上的满足，从而能构成环境中的主要景点。

图 6-8　室内水池

（2）作为背景　室内水池多数作为山石、小品、绿化的背景，突出于水面的亭、廊、桥、岛，漂浮于水面的水草、莲花，水中的游鱼等都能在水池的衬托下格外生动醒目。水池一般多置于庭中、楼梯下、道路旁或室内外交界空间处，可起到丰富和扩大空间的作用。

（3）形成纽带　在室内空间组织中，水池、小溪等可以沟通空间，成为内部空间之间及内外空间之间的纽带，使内部空间与外部空间紧紧地融合成整体，同时还可使室内空间更加丰富、更加富有情趣，如图 6-9 所示。

图 6-9　纽带水体

6.2.2　室内山石

山石是重要的造景素材，古有"园可无山，不可无石"，"石配树而华，树配石而坚"之说，所以室内常用石叠山造景，或供几案陈列观赏。能作石景或观赏的素石称为品石。选择品石的传统标准为"透、瘦、漏、皱"。所谓"透"就是孔眼相通，似有路可行；所谓"瘦"就是劈立当空，孤峙无依；所谓"漏"就是纹眼嵌空，四面玲珑；所谓"皱"就是石面不平,起伏多姿。现代选择品石的标准自然不必拘泥于以上四个字,只要与建筑内部空间的性质、功能及造型相配就可以了。

1. 室内山石的类型

室内山石的类型有太湖石、锦川石、英石、黄石、花岗石与人工塑石等,如图6-10所示。

图6-10 室内山石的类型

(1) 太湖石 太湖石的特点是质坚表润,嵌空穿眼,纹理纵横,叩击有声响,外形多峰峦岩石之致。它原产自西洞庭湖,石在水中因波浪激啮而嵌空,经久浸濯而光莹,滑如肪,黝如漆,矗如峰峦,立如屏障,十分奇特。

(2) 锦川石 其表面似松皮,状如笋,俗称石笋,又叫松皮石,有纯绿色,也有五色兼备者。新石笋纹眼嵌石子,色亦不佳;旧石笋纹眼嵌空,色质清润。室内庭园内花丛竹林间散置三两,殊为可观。

(3) 英石 其石质坚而润,色泽微呈灰黑,节理天然,面有大小皱纹,多棱角,峭峰如剑,岭南内庭叠山多取英石,构成拙峰型和壁型两类假山。另外,还有小而奇巧的英石,多用于室内几案小景陈设。

(4) 黄石 其质坚色黄,石纹古拙,我国很多地区均有出产。用黄石叠山,粗犷而富有野趣。

(5) 花岗石 其质坚硬,色灰褐,除作山石景外,常加工成板桥、铺地、石雕及其他室内庭园工程构件和小品。岭南地区内庭常以此石作为散石景,给人以旷野纯朴之感。

(6) 人工塑石 以砖砌体为躯干,饰以彩色水泥砂浆,山形、色质和气势颇为清新,能够根据不同的室内庭景进行塑造。

2. 室内山石的配置形式

构筑室内山石景观的常用手法有散置和叠石两种，其中叠石的手法应用较多。具体的叠石手法，有"山石张"祖传的"安、连、接、斗、跨、拼、悬、剑、卡、垂"十字诀，应灵活运用，不可拘泥。通过散置和叠石处理后形成的山石配置形式主要有：假山、石壁、石洞、峰石与散石等，如图6-11所示。

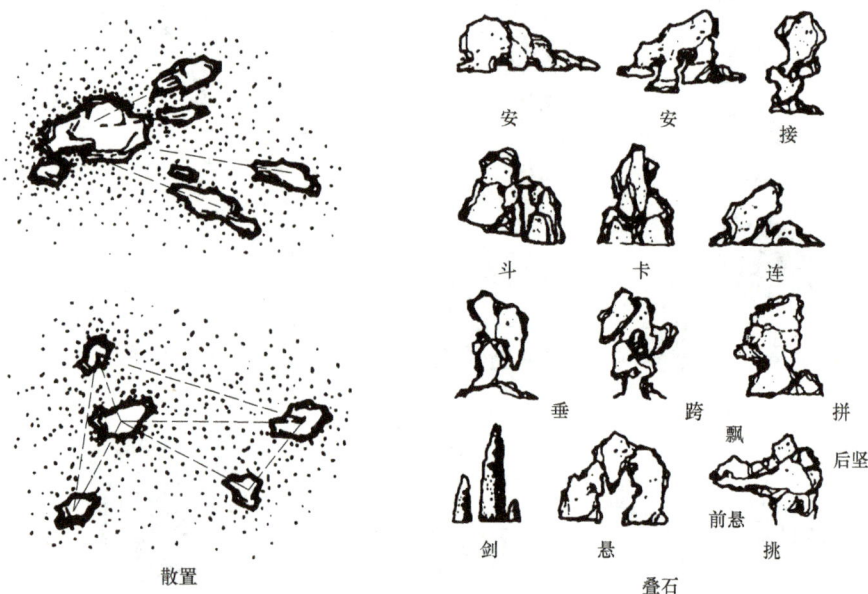

图6-11　室内山石的配置形式

（1）假山　在室内垒山，必须以空间高大为条件。室内的假山大都作为背景存在。假山一定要与绿化配置相结合才有利于远观近看，并有真实感，否则就会失去自然情趣。石块与石块之间的垒砌必须考虑呼应关系，使人感到错落有致，相互顾盼。

（2）石壁　依山的建筑可取石壁为界面，砌筑石壁应使壁势挺直如削，壁面凹凸起伏，如顶部悬挑，就会更具悬崖峭壁的气势。

（3）石洞　石洞构成空间的体量要根据洞的用途及其与相邻空间的关系来决定。石洞与相邻空间应保持若断若续、浑然一体的效果，如能引来一股水流，则更有情趣。

（4）峰石　峰石单独设置时，应选形状和纹理优美的，一般按上大下小的原则竖立，以形成动势。

（5）散石　散石在室内庭园中可起到小品的点缀作用。在组织散石时，要注意大小相间、距离相宜、三五聚散、错落有致，力求使观赏价值与使用价值相结合，使人们依石可以观鱼，坐石可以小憩，扶石可以留影。

配置散石要符合形式美的基本法则，在统一之中求变化，在对比之中讲究和谐。散石之间、散石与周围环境之间要有整体感，粗纹要与粗纹组合，细纹要和细纹搭配，色彩相近的最好成一组。当成组或连续布置散石时，要通过连续不断地、有规律地使用大小不等、色彩各异的散石，形成一种起伏变化的秩序，做到有韵律感和动势感。

6.3 室内小品

6.3.1 室内小品

室内小品包括桌凳、舟桥、灯具、栏杆、雕塑以及提供服务的各种设施、设备等的设置。体量较大的室内空间，还可设置亭、台、楼、阁、榭、廊等园林建筑。山水、花木是园林绿化中人工模仿的自然景观，而园林建筑小品则应属于园林艺术中的人文景观。它们与山石、水体及绿化结合使用，可作为主景，也可作为陪衬，起活跃景色、点题点景等作用。另外，室内小品往往还具有某种使用功能。设计时应注意室内小品与空间的尺度关系，以免造成空间的局促和沉重。室内小品所用材料多为砖石、竹木、混凝土或金属等，造型、材料和色彩的选择应与所处环境相吻合。

1. 桥

桥多与水体结合使用，起联系交通和引导作用，还可以作为水面点缀，对水面进行划分。按材质分主要有木桥、石桥和竹桥等，按造型分包括平桥、拱桥、折桥、悬桥和浮桥等。没有水体的室内空间使用旱桥，还会为室内带来水意，并能给室内地面标高变化带来趣味感。室内桥如图6-12所示。

图6-12 各种室内桥

2. 步石

步石是供人行走的石块，其间距应按人的步距铺设。步石的本意是保护草坪，同时也可创造出"山道弯弯，探幽寻圣"的诗意。步石置于水中，又称"汀步"或"踏步"，可供人登临小岛，或到达彼岸，其高度不宜超过水面过多，以感受蜻蜓点水跨越急流险滩的乐趣。用作步石的材料既可以是石板或石块等天然石材，也可以用混凝土等其他材料加以替代；其形状可方可圆，也可呈不规则形状；排列可单排或双排，可直线或折线排列，更显灵活自然与动感，如图6-13所示。

图 6-13　各种室内步石

3. 栽培容器

栽培植物的容器与植物的健康成长和整体的观赏价值有很大关系，应根据所栽培植物的大小、数量、外观以及空间整体氛围选择，还应符合排水功能、根脉延伸和土壤通风等多方面要求。栽培容器在空间中既可以是平面的，也可以是垂直立体的，有些种植容器还可以与座椅、台阶、墙柱及水景等元素结合考虑。如花坛、花池等固定种植方式，多以砖石、混凝土等材料砌筑而成；移动式种植方式多用花盆栽植，多用陶瓷、金属、玻璃或塑料等材料制成，外面还可以使用木制竹藤套盆加强其装饰效果。

4. 雕塑

雕塑等园林小品在人工造景中应用广泛，或和门对景，或室内一隅，或与水景配合使用，起点题、点景以及烘托气氛等作用。西方古典水景中，古典雕塑往往与喷泉水池相结合，增添空间情趣；而在中国古典园林中，则常将天然山石点缀于水中，以求再现自然山水，追求返璞归真的意境。在现代水体景观中，水体往往与抽象的雕塑相结合以烘托气氛。在动态水中，水体与雕塑（山石）的结合形成动态和静态的水乳交融；静态水与雕塑（山石）的结合，则更能增添环境的宁静气氛，同时，静态水的镜面反射特性增加了雕塑的丰富性。

5. 灯具

除了照明之外，灯具多用来渲染气氛，进行环境的再创造，应兼顾白天和夜间效果。灯具是功能产品，同时也是丰富的信息载体和文化形态。除传统材料外，新型材料的出现使灯具造型和艺术风格更加多元化，根据人们不同的审美情趣需要营造了多样的光影效果及氛围情趣。常用灯具有吊灯、壁灯、吸顶灯、落地灯、台灯、射灯、筒灯等。

6. 井

室内设井，我国古已有之，主要用于点缀、寓意。而在现代室内设计中，井多用于装饰或配合整体的设计风格，或者用作室内的装饰性器皿，如鱼缸等。所以在现在常用的设计手法中，井已经不再具备原有的功能，而是存在于地面以上的形态。

6.3.2　室内亭榭

室内亭榭也可以说是室内庭园，是综合使用掇山理水、种花栽木、建造亭台楼阁等手段，在室内形成的园林景观，使人们在室内也能领略自然山林之趣。除了观赏功能，有些室内庭园还有各种实用功能，如交通、休憩、娱乐、餐饮和购物等。从这一角度而言，室内庭园实际相当于一个有顶盖的城市开放空间，为人们创造了公众化和全天候的公共活动环境。往往只有规模较大的公共建筑，如酒店、商场、办公楼等处，才有可能进行室内庭园的建设。

1. 从与建筑的组合关系分类

从与建筑的组合关系分类，可分为中心式庭园和专为某厅室设置的庭园。

1）中心式庭园规模较大，一面或几面开敞，强调与周围空间的渗透与交融。通过借景、透景方式为周围厅室，甚至为整体建筑服务，多作为建筑空间的核心来处理。

2）专为某厅室设置的庭园是在室内开辟专为该室使用或欣赏的小型庭园，可设于空间中心、角隅或一侧。它可以与室内空间直接相通，也可以使用玻璃等通透材料加以分隔，甚至可以通过借景于室外庭院的方式满足要求，如图 6-14 所示。

2. 从在建筑中的伸展方向分类

从在建筑中的伸展方向分类，可分为落地式庭园和空中庭园。

1）落地式庭园位于建筑底层，便于栽种大型花木和处理水景，多与门厅等交通枢纽相结合，如图 6-15 所示。

a)

b)

图 6-14　室内庭园

a）中心式庭园　b）专为某厅室设置的庭园

2）空中庭园常出现在多层或高层建筑中，是结合建筑的楼板、栏杆等构件，在高度方向设置的多层室内庭园，在构造和防水等方面要相对复杂，如图 6-16 所示。

图 6-15　落地式庭园

图 6-16　空中庭园

3. 从造景形式上分类

从造景形式上分类，可分为自然移景式庭园和人工造景式庭园。

1）自然移景式庭园，模仿、概括自然界山水景象，返璞归真，成自然之趣，少人工痕迹，将大千世界，天下美景，通过艺术加工移入室内，如图 6-17 所示。

2）人工造景式庭园的平面形状多以几何形为主要特征，容易与建筑造型协调统一，强调自然景物的人工化特点，淡化其自然特征，根据具体情况，往往有对称的轴线，植物也修剪整齐，成行排列，如图 6-18 所示。

现代室内造景多趋向于两者混合折中的特点。

室内庭园有以植物为主题的内庭或以山石、水景为主题的内庭，因其所处位置形状、界面变化而各具特色，应结合室内功能分区、道路流线进行整体规划和布局。为创造室外化的感觉，满足植物的生长需求，尽可能采用透光顶盖或侧窗引进自然光线和景观，没有自然采

图6-17　自然移景式庭园

图6-18　人工造景式庭园

光条件的也可利用人工照明创造自然气氛，并可突出强调趣味中心。墙面多采用粉墙、砖墙、木墙或石墙，结合水景、山石和绿化的设置，既能分隔空间，又有衬托景物的作用，还可以造成院墙或建筑外立面的假象，强调自然化、室外化效果。利用墙面造型还可以突出强调空间独立性，或强调融和与协调，保持与毗邻空间的渗透与联系。庭园的地面除了保留绿化种植空间，其余应做铺装处理。尤其是组织和联系空间的园路部分，以方便行走。不同高度的地面之间还应设置蹬道，解决落差问题（也可以人为地营造高度的变化），改善单调感。地面铺装须选用坚固耐用的材料，如砖瓦、石板、卵石等，要与所处的整体空间环境协调一致。既可以强调空间的整体与连续，也可以与相邻空间加以区别，强调象征性分隔。小面积铺装应避免过多材料的使用，以免造成混乱。庭院石材铺装如图 6-19 所示。

图 6-19　庭院石材铺装

6.4　室内景观设计案例

本案例是某商业空间的室内庭院，如图 6-20 所示，是一个综合性比较强的室内景观设计，采用了综合布局的方式，室内的绿化、水景和石景使原本生硬的商业空间变得柔和了许多，利用人们对自然的亲近感，让人更愿意长时间地停留在这样的空间里，对商业营销的配合起到了良好的作用。

在庭院的设计中，植物的运用比较讲究，主要使用了小乔木、灌木与亲水植物，一方面利于植物的生长，更重要的还是配合空间本身的设计。使用的植物有蒲

图 6-20　室内绿化、水景和石景设计运用

葵、苏铁、散尾葵、广东万年青、孔雀木和鸭脚木等乔木，还有各种耐湿的蕨类植物、沿阶草、龟背竹，以及池边种植的旱伞草、艳山姜、棕竹等植物。不同的植物使得空间产生了良好的景观层次，且未遮挡商业店铺，增加了商业空间的活跃气氛与视觉效果。

思 考 题

1. 绿化在室内设计中的作用是什么？
2. 室内绿化植物的类型主要有哪些？

3. 室内植物的布局方式主要有哪几种？

4. 请结合实际案例说明室内水景和石景起到的作用。

5. 常见的室内小品有哪些？它们都是如何运用的？

参 考 文 献

［1］黄艳. 室内绿化设计［M］. 北京：中国建筑工业出版社，2008.

［2］来增祥，等. 室内设计原理［M］. 北京：建筑工业出版社，2006.

［3］金胜. 室内绿化设计［M］. 北京：机械工业出版社，2009.

第7章 家居环境设计

家居环境设计与其他类型空间设计相比，空间小，内容多，经济投入少，但是其空间环境与人们的生活密切相关，对人们生活水平的提高具有举足轻重的作用。

7.1 家居环境设计的类型

家居环境分为公共空间、私密空间、家务空间、附属空间四种类型。

7.1.1 公共空间

公共空间包括餐厅（图7-1），客厅、视听室（包括娱乐室）（图7-2），户外空间（图7-3、图7-4）等。这些空间通常是家庭生活的核心，家庭成员聚集在这些空间里交流与沟通。

图7-1 餐厅

图7-2 客厅

图7-3 底层户外空间

图7-4 屋顶户外空间

在室内面积条件允许的情况下，像客厅这样的公共空间可以更细地划分为接待客人处和家庭成员聚集地两种形式。

7.1.2 私密空间

相对于公共空间而言，私密空间具备睡眠（图7-5），休闲、更衣、洗浴（图7-6），阅读（图7-7）等功能。私密空间强调休闲性、安全性和个性化。各个年龄层的家庭成员应该有各自相应的私密活动场所，区别对待各种各样的私人空间是家居室内设计内容重要的一环。

图 7-5 睡眠空间

图 7-6 洗浴空间

图 7-7 阅读空间

图 7-8 家务空间

7.1.3 家务空间

随着生活节奏的不断加快，人们的生活方式趋于多元化，人与人交流的方式与场所不再局限于相对固定的空间。家庭事务空间也凝聚着家庭交流与聚集的活动，如厨房操作台（图7-8）等。

7.1.4 附属空间

通道、储物场所等空间构成了家居室内的附属空间。通道即室内设计的流线和路径。家居环境形式的多样化，带来了通道构成的复杂化。这种复杂化体现在室内空间的垂直走向上，比如台阶等交通设施（图7-9）；在狭小的空间中，流线和主要功能会产生多层次交叉等形式（图7-10）。附属空间是人的生活行为的轨迹，是室内空间中联系人与人的纽带。

图7-9　通道空间的处理　　　　图7-10　狭小空间的处理

7.2 家居环境的基本划分及要求

7.2.1 客厅

客厅是日常家居生活中使用频率最高的地方，也是满足社交和家庭休闲的生活空间，聚集性和通透性是客厅设计的基本要求。为了突出融洽的气氛，在划分客厅不同功能的区域时，应以宽敞、规正为原则。合理地利用客厅空间主要有以下方法：

1）室内地面、墙面、顶面等各个界面设计精简，风格整体、统一，体现使用者的兴趣、爱好和时尚。

2）客厅与其他空间呈半开放式格局，使用个性的隔断或者具有储藏功能的收纳柜分隔空间，如图7-11所示。

3）运用空间留白，衬托客厅的主体部分，达到立体的视觉效果。

4）合理使用玻璃、镜子及不锈钢薄板等材料，增加空间的体量感，如图7-12所示。

5）设计尺寸需要综合考虑室内空间大小、家具和其他辅助设备尺寸。

6）旧物新用，使旧物起到新的效果，提高物品的使用率。

图7-11 客厅呈半开放格局

图7-12 用镜子增加空间的体量感

客厅家具布置要精简实用，根据空间的大小，主要考虑摆放沙发、茶几、椅子和视听设备。其中，沙发占用客厅空间较大，其布置方式主要有三种，面对式（图7-13），"L"式（图7-14），"U"式（图7-15）。面对式沙发布置强调座谈与交流，视听柜及屏幕一般布置在侧向；"L"式沙发布置占地较小，能较充分地利用室内空间，便于交流；"U"式沙发布置需要比较宽敞的空间，否则易使空间感觉局促狭小。

图7-13 面对式沙发布置

图7-14 "L"式沙发布置

图7-15 "U"式沙发布置

7.2.2 餐厅

餐厅是人群聚集的场所，不仅全家人在这里共同进餐，而且也是宴请亲朋好友交流、小憩的地方。餐厅的设计既要服从整个家居风格，又要有独立的个性。着重营造温馨、舒适的气氛。

餐厅的色彩应以明朗轻快的色调为主，多使用同色系色调，同时注意协调色彩面积比例的关系。不同的季节或心理状态对色彩的感受会有所变化，可利用灯光来调节气氛，如图7-16所示，也可以设计两套背景光系统，随季节变化而变光，夏季用冷色，冬季用暖色，如图7-17所示。

空间布局上，由于厨房与餐厅关系密切，一般放在最邻近的地方，方便整个备餐与就餐的流程。厨房较大时，可以设计一个可自由收放的就餐环境。餐桌、餐椅的大小应该与餐厅的总体环境相适应，大则可以宽阔气派，小则可以玲珑精致，摆放的位置要选择较长的墙边。其间留出一个约800mm的通往厨房的过道，便于传菜。酒柜则可视具体情况布置。

图 7-16　餐厅偏暖的黄色主光源

图 7-17　灯槽内的背景光源

7.2.3　厨房

　　厨房是家居环境中日常行为较为频繁的地方之一，因此其操作的舒适性时刻影响着人们的生活质量。它主要要求橱柜、操作台及其布置符合人的自然行为规律和空间尺寸，严格按照人体工程学的指导设计橱柜、厨房设施及操作台等。

　　厨房设计要把功能实用放在第一位。厨房中存储和使用物品多，流程步骤较多，要求设计好每个功能，做到各种用品都有专属位置，充分利用空间。同时，设计要符合做饭的基本流程，各环节之间按顺序排列。

　　厨房设计不仅要与整个家居环境相呼应，而且还要有一定的个性特征。一般来说，无论是开放式厨房还是封闭式厨房，橱柜的主要布置形式有"L"式、通道式、"U"式、岛式。

　　总体来说，"L"式和通道式适用于较小的厨房，结构紧凑、实用；"U"式适用于中等面积的厨房，空间比较宽裕；岛式则适用于较大的厨房。

　　1）"L"式橱柜主要设置于厨房相连的两面墙上，采取这种形式能够满足厨房的基本功能需求，如图 7-18、图 7-19 所示。

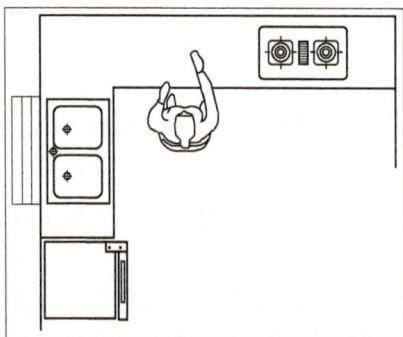

图 7-18　"L"式橱柜示意图

图 7-19　"L"式橱柜的开放式厨房

2）通道式橱柜适用于空间狭长或有阳台的厨房，留出从厨房到阳台的通道，橱柜则布置在相对的两面墙上，不足之处是操作略不通畅，如图7-20、图7-21所示。

图7-20 通道式橱柜示意图

图7-21 通道式橱柜厨房

3）"U"式橱柜是在"L"式的基础上增加一排橱柜，当厨房宽度达到2400mm以上，可以采取这种形式。它的特点是储存空间多，物品便于取放，还可以放置较多的配套设备等，如图7-22、图7-23所示。

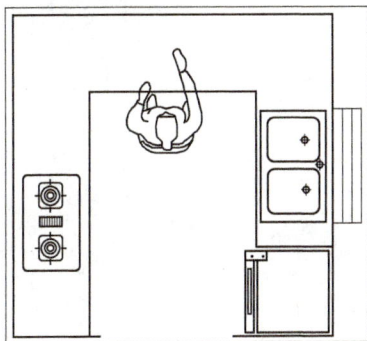

图7-22 "U"式橱柜示意图

图7-23 "U"式橱柜

4）岛式橱柜是在厨房中间有一个操作台，像一个小岛，其周围有过道空间。面积15m²以上的厨房空间可以采用布置这种方式，也可以将岛式橱柜与"L"式橱柜相结合。这种厨房多见于欧美风格的复式楼或别墅中，如图7-24、图7-25所示。

7.2.4 卧室

卧室布置主要考虑使用的方便性及私密性。现代居室一般分为主、次卧室，它们的使用频率不同，设计时要区别对待。卧室家具样式与整个家居风格必须和谐统一。

床是卧室的主要家具，应优先考虑床的位置，预留过道宽度不应小于600mm。

衣柜内部结构要根据人体（肩宽、腿长、躯干长度等）的基本数据和具体情况进行布置。同时，衣柜不能遮挡阳光，影响室内光照。还可以通过空间设计分隔出专门的更衣间和更衣间过道，如图7-26所示。

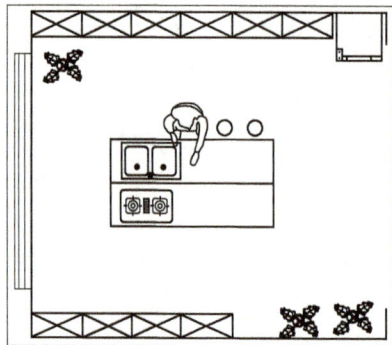

图 7-24　岛式橱柜示意图

图 7-25　岛式橱柜案例

梳妆台要布置在光线较好的位置，方便化妆。有时为充分利用空间，梳妆台与床头柜的功能可以结合在一起，如图 7-27 所示。床头的墙面需要重点设计，增加卧室生活情趣，床边尽量三面临空，保持卧室通道顺畅，如图 7-28 所示。

图 7-26　更衣间过道

图 7-27　梳妆台与床头柜结合

图 7-28　三面临空的主卧室

另外，不同年龄层次对卧室有着不同的要求。如老年人年老体弱，卧室的设计应尽量简洁，方便使用，高度不易太低，保证其舒适性和安全性。同时，可以根据老年人的兴趣爱好在卧室内摆设盆景、鱼缸、雕塑以及各种工艺美术品，丰富老年人的生活，如图 7-29 所示。

儿童卧室设计构思要新奇巧妙，单纯且富有童趣，给予儿童一定的活动娱乐与睡眠空间，并且符合儿童的身体尺度（放置儿童可以自理的物品家具要低于儿童身高，不能自理的物品家具要高于 1000mm，以防出现意外）。卧室中的家具应尽量采用圆角或平滑曲线，床铺应紧靠墙角，腾出空间方便儿童玩耍。在室内色彩上，可根据不同年龄、性别采用不同的色调和装饰设计，如图 7-30 所示。

图 7-29 室内布置雕塑以及工艺品

图 7-30 儿童卧室

7.2.5 卫生间

卫生间是进行个人卫生活动的常用场所，实用性强，利用率高，应合理、巧妙地利用空间。家居卫生间最基本的要求是合理地布置洗手台、坐便器和淋浴间，最好是洗手台靠近卫生间门，坐便器紧靠其侧，淋浴间放置在最内端。有时，也需要考虑洗衣机、拖把池等的布置。

随着人们生活品质的提高和清洁卫生的需要，对卫生间进行干湿分区是必不可少的，如图 7-31 所示。干湿分区是将卫生间的盥洗、如厕和淋浴功能分开，克服交叉用水造成的使用缺陷，减少卫生间墙面和地面大面积溢水。

干湿分区的方式主要有淋浴房、玻璃隔断（图 7-32）及玻璃推拉门（图 7-33），也可以安装浴帘或者将盥洗单独分区。

图 7-31 干湿分区

洗手台设计根据卫生间尺寸大小来确定，台下可增设储物柜。小卫生间可选用立式洗面盆，如图 7-34 所示。如果卫生间面积在 3~6m² 左右，必须考虑预留一定的过道和活动空间，如图 7-35 所示。

坐便器有蹲式坐便器和坐式坐便器两种。预留坐便器的宽度不应少于 800mm。坐便器的摆放位置尽量不朝向卫生间门口。淋浴间的标准尺寸是 900mm × 900mm，理想尺寸是 1000mm × 1000mm。洗衣机可以安放在朝阳面的阳台上，便于洗衣和晾晒；也可安放在卫生间内，但应考虑干湿分区，避免洗衣机附近湿气过重，零件受到腐蚀。

总之，卫浴空间的布局应整齐有序，方便使用。

图 7-32　玻璃隔断形式的干湿分区

图 7-33　玻璃推拉门形式的干湿分区

图 7-34　立式洗面盆

图 7-35　卫生间过道

7.2.6　书房与工作室

　　书房和工作室设计能够体现主人的审美观念、品位和文化底蕴，因此，家具的样式要充分考虑主人的职业、特长、品位和爱好。书柜的大小要与主人的书籍数量相配套，并留出多余的空位以备今后使用。墙上挂装饰画（图 7-36）可以体现主人个性，要注重营造书香和艺术氛围。

　　书房与工作室对照明和采光的要求很高，写字台最好放在自然光充足但是阳光不直射的窗边。书房的主体照明可选用乳白色灯罩的白炽吊灯，安装在书房中央。台灯和书柜用射灯作为辅助灯光，方便阅读和烘托气氛。色彩方面应避免强烈刺激的颜色，宜用冷色、明亮的灰色等中性色调。

另外，如果整体空间较小，没有固定的书房空间，就要提高空间利用率，如书房与客厅结合或书房占据居室一角等，如图 7-37 所示。

图 7-36 工作室装饰画

图 7-37 书房占居室一角

7.2.7 茶室

饮茶有随性之说，另求一份真实和简单。因此，茶室设计相对简单，轻装修而不重装饰。一处茶几，几个方凳，一套喜欢的茶具即可。茶室的风格有中式、日式等风格，设计可以依据主人的性格和偏好进行选择，但要注意与整体设计风格协调，如图 7-38 所示。

中式风格茶室一般需体现清新淡雅的心境，多采用实木地板，仿明清式的红木桌椅、书法条幅、山水国画、绿色盆栽及紫砂陶瓷等。日式风格茶室常采用格子图案作为装饰，如在餐桌上铺设格子布的桌巾，桌边放一盏格子花纹灯罩的白色纸灯等。

图 7-38 茶室一角

7.3 家居环境设计的要点

7.3.1 空间处理

空间处理是运用空间限定的各种手法进行室内空间形态的塑造，用符合人们的日常生活规律的方法布置功能区域，满足家庭成员各种活动的需要，保证环境质量。主要进行以下处理：

1）合理规划室内空间的活动路线。根据空间的使用频率划分空间比例，可以将不常使用的空间与其他空间结合，减少同一空间内功能重复；增加室内家具的多功能性，消除狭长通道或是增加对通道空间的运用；改变门的位置和方向来增加空间的利用率等。

2）对于小空间，可以通过一些恰当的设计手法减少杂乱感，增加其开阔感。

3）应避免平面化地处理空间，可通过造型、色彩、材料的暗示和使用功能延伸空间的内涵，更好地形成空间从形式到内容的完整性，使人们在活动中感受空间，而非局限在固定的三维空间当中。

7.3.2　室内外借景

借景是建筑装饰设计中常用的手法。利用格窗、门扉、卷帘、门洞等将室外景色引入室内，调节景观，拓展空间，创造迂回曲折的感觉，使有限的空间产生无限的视觉体验。借景拓展空间如图 7-39 所示，门洞借景如图 7-40 所示，格窗借景如图 7-41 所示。

图 7-39　借景拓展空间

图 7-40　门洞借景

图 7-41　格窗借景

7.3.3　过渡区域的变化

过渡空间是两种或两种以上不同性质的实体空间在彼此连接时，产生相互作用的一个特定的区域，是空间范围内对立矛盾冲突与相互调和的焦点。它同时孕育着多种可能性和丰富的多样性，又充满了人类自身活动的不确定性。

　　人在过渡空间中,应考虑视觉的通透性和心理对空间连续性的要求,缓解狭小空间和私密性空间对人的束缚感。在室内的过渡空间中,由于界定的方式和材料尺度的差异,会呈现出多元化的空间特性以及丰富的组合方式。过渡空间的通透性如图7-42所示,过渡空间的材料变化如图7-43所示,过渡空间的装饰处理如图7-44所示。

图 7-42　过渡空间的通透性　　　　图 7-43　过渡空间的材料变化　　　　图 7-44　过渡空间的装饰处理

7.4　家居设计案例

1. 三室两厅样板间

　　业主要求布局大气,新颖开阔,具有满足聚会的大尺度空间。由于业主是多媒体发烧友,喜爱电影和音乐等,因此设计要求体现时尚与年轻的感觉。

　　原始平面图如图7-45所示,平面布置图如图7-46所示,三室两厅的室内空间基本满足

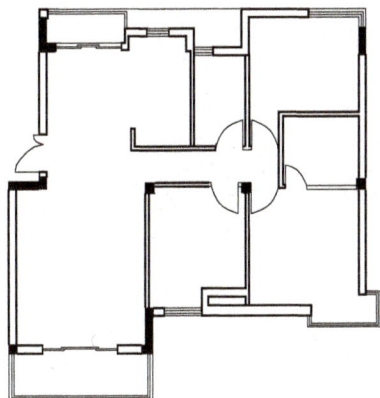

图 7-45　原始平面图　　　　　　　　　　　　　图 7-46　平面布置图

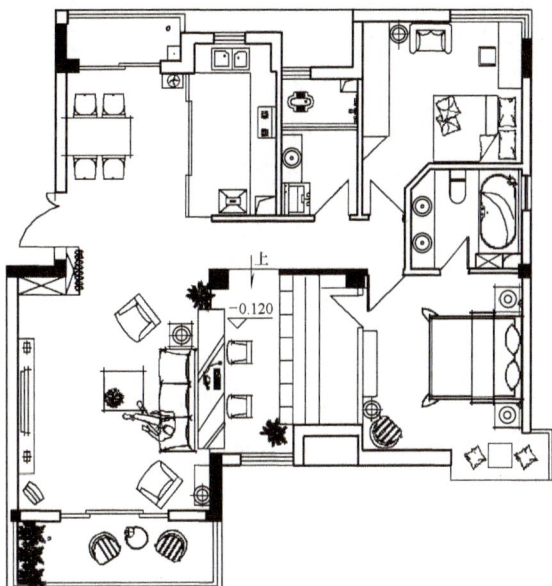

现代居住条件，空间合理的搭配能够使家居显得殷实和紧凑。厨房采取半通透处理，避免油烟和增加视觉通透性。将主卧邻近房间的分隔利用，增添了更衣间和开放式书房。书房与客厅的融合使客厅面积增大，满足了聚会就坐区域的要求，使空间通透宽敞。主次卧室的布局给予了青年夫妻和小孩子各自独立的空间。

如图7-47所示，客厅布置简单大方，空间上呈现半开放格局，地中海式拱梁增加了室内的亮度和通透感。客厅色彩主要以暖色调为主，利用米黄色墙面、棕色窗帘、原木色材料与白色脚线、门窗套以及黑色复古灯饰，黑色镜面电视背景墙等，形成鲜明对比，层次分明，满足了业主喜爱时尚色彩的希望，并且扩大了空间体量感。

图 7-47　半开放式客厅

如图7-48所示，餐厅空间设计简洁，色彩延续家居设计的整体格调，暖色的灯光重点照射在餐桌上，营造温馨浪漫的气氛。

主卧室如图7-49所示，主卧室墙面装饰如图7-50所示，主卧室的设计采用暖色基调，以米色和褐色为主，白色和黑色起协调作用。不同尺寸的白色相框规整地装饰在棕色墙面上，清晰明快，为主卧室增添了情趣。

如图7-51所示，卫生间运用深灰色和棕色仿古砖搭配，形成鲜明的对比，突出了功能分区。顶面采用指接板，融入自然，提高生活品质。洗手台下设置栅格支架，增加了储物空间。

见图7-52，整面白色书柜最大限度地营造出储物空间，并且作为书房与更衣间的隔墙，充分利用空间。

图 7-48　餐厅

图 7-49　主卧室

图 7-50　主卧室墙面装饰

图 7-51　主卫生间

图 7-52　开放式书房

2. 两室一厅样板间

原始平面图如图 7-53 所示，平面布置图如图 7-54 所示，70m² 的室内空间虽然基本满足现代居住条件，但是存储空间不足，书房布置较为困难。通过空间改造，客厅增设平台，强调家居休闲与家务的功能分区。厨房和书房采取半通透处理，餐厅增大了空间尺度。次卧改造成书房，并且将房间入口调整位置，原始的房门改成储藏柜，增加储物空间。主、次卧室的布局给予了青年夫妻各自休息和学习独立的空间。

如图 7-55、图 7-56 所示，客厅背景墙通过白色和黑色镜面形成对比，简单的流线造型和手绘花图案增添了室内年轻、时尚的情怀。两个陈旧的储物箱通过翻新，组合成茶几，与整个室内的中式风格统一。

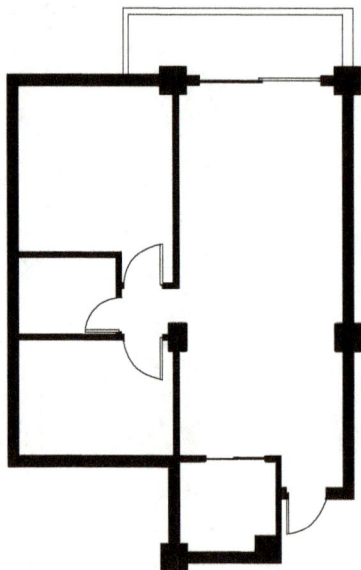

图 7-53　原始平面图

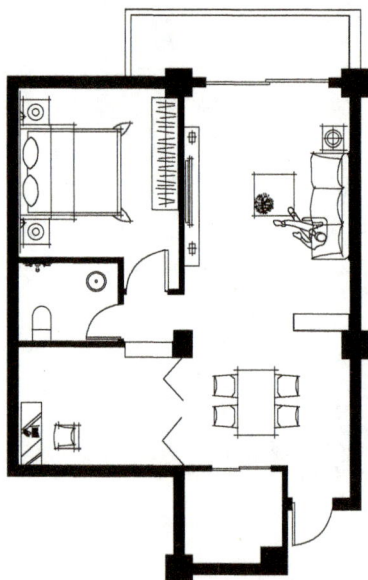

图 7-54　平面布置图

图 7-55　客厅背景墙

图 7-56　储物箱旧物新用

　　如图 7-57、图 7-58 所示，狭小的厨房和餐厅是小户型设计的难点之一。用玻璃门作为分隔的厨房不仅可以隔绝油烟，而且使空间具有通透性，扩大空间的尺度。中式折叠门可以根据需要进行调节，使餐厅空间感受增大，同时将室外风景和光线引入室内。

　　如图 7-59 所示，中式折叠门将书房与室内其他空间自如地连接在一起，空间设计简洁，古筝的布置体现了业主的兴趣爱好，与室内装饰风格和谐统一。

图 7-57　餐厅与玻璃门厨房

图 7-58　餐厅与中式折叠门

　　如图 7-60，无论是茶室还是咖啡间，休闲的生活方式已开始融入到家居生活中。不用刻意装饰，只需放置几件别致的小饰物和茶具（或者咖啡杯）。主要突出轻松自如的氛围，使人得到彻底放松。

图 7-59　折叠门后的书房

图 7-60　休闲茶桌

思 考 题

1. 查阅资料，概述勒·柯布西耶和赖特的室内装饰艺术特色。

2. 中国室内传统装饰艺术有哪些特色？

3. 家居室内空间有哪些组合形式？并进行比较。

4. 结合课程设计，分析家居室内材料的艺术形式及其特色。

5. 调查现代室内家居家具的发展趋势及其尺寸。

6. 简述室内装饰风格的发展历程。

参 考 文 献

［1］鸿扬家装. 家庭装修350［M］. 长沙：湖南科学技术出版社，2004.

［2］高颖. 家庭装修全接触系列丛书（二）［M］. 天津：天津大学出版社，2007.

［3］谭长亮. 居住空间设计［M］. 上海：上海人民美术出版社，2006.

［4］牟跃. 现代居室环境设计［M］. 北京：北京知识产权出版社，2004.

［5］方路、余好建. 现代家居装饰装修指南［M］. 杭州：浙江科学技术出版社，2004.

［6］苏丹、方晓风. 环艺教与学：第一辑［M］. 北京：中国水利水电出版社，2006.

［7］《中国顶尖样板房100例》编委会. 中国顶尖样板房100例［M］. 沈阳：辽宁科学技术出版社，2006.

［8］杨昌盛. 深圳特色样板间［M］. 武汉：华中科技大学出版社，2007.

［9］《家居主张》杂志编辑部·第一设计. 典藏上海［M］. 上海：上海辞书出版社，2006.

第8章 商业购物空间设计

商场是商业活动的主要集中场所,从一个侧面反映了一个国家、一个城市的物质经济状况和生活风貌。如今的商场功能正向多元化、多层次方向发展,并形成新的消费行为和心理需求。对建筑装饰设计师而言,商场室内环境的塑造,就是为顾客创造与时代特征相统一,符合顾客心理行为,充分体现舒适感、安全感的消费场所。

8.1 商业购物空间的概念与分类

8.1.1 商业购物空间的概念

商业购物空间是人类活动空间中最复杂最多元化的空间类别之一。其设计从广义上可以定义为:所有与商业活动有关的空间形态设计;狭义上则可以理解为:当前社会商业活动中所需的空间设计,即实现商品交换和流通,满足消费者需要的空间环境设计。其实,就狭义的概念理解,商业购物空间设计也包含了诸多的内容和设计对象。随着时代的发展,现代意义上的商业购物空间设计必然会出现多样化、复杂化、科技化和人性化的特征,其概念也会产生更多不同的解释和外延。

商业购物空间,基本上可以说是由人、物及空间三者之间的相对关系构成。人与空间的关系,是空间提供了人活动所需的机能,包括物质的获得及精神感受与知性的需求;人与物的关系,则是物与人的交流机能;空间与物的关系,则是空间提供了物的放置机能,众多的"物"的组合构成了空间,而多数大小不同的空间更构成了机能不同的更大空间。人是流动的,空间是固定的,因此,以"人"为中心所审视的"物"与"空间"因需求性与诉求性的不同,产生了商业购物空间环境的多元性。

如果仅指固定化的商业购物空间,必然要求固定化的商业购物设施,以便利来往客人的出入。商业活动的目的在于通过交换获取差价产生利润,所以,能够有效地销售商品是商业购物设施的基本功能所在。然而,随着商业活动的繁荣和发展,最简单的交换模式早已无法满足顾客的需求,所以商业空间的环境因素,附属的休闲娱乐设施,以及当代科技迅猛发展所带来的"知性的满足"也越来越重要。新的建筑方法和材料也不断应用于商业购物空间设计中,科技感与时尚结合的商业空间使消费者对购买的商品产生信任感并催生购买欲。商业活动在整体消费环境的影响下也在向更高层次发展,除了更新产品、加强销售活动之外,更重视商业空间机能性与环境的塑造,以满足消费者并最终促成商业活动的规范化和有序性。

综上所述，现代商业购物空间是指是以满足商业需求为前提，以搭建商业购物活动经营平台为基础，以科技感和时代元素的结合为手段，营造满足人们商业购物活动的场所和环境。

8.1.2　商业购物空间的分类

目前的商业购物环境形成了一个开放式的、舒适的、多元化的、多层次的、有计划和有竞争的商品市场。

商业购物空间根据业态上可划分为各式零售及消费中心。一般来说，零售市场有百货店、超级市场、仓储商店、家居中心、大卖场和百货商场等，如图 8-1 所示；消费中心有批发市场、购物中心、销品茂及步行街。消费中心包含零售市场，消费中心的形式通常是由一个管理机构进行组织、协调和规划，把一系列的零售商店、服务机构组织在一起，提供购物、休闲、娱乐、餐饮等各种一站式服务，如图 8-2 所示。

图 8-1　武汉光谷大洋百货

图 8-2　销品茂商城室内中庭

（1）基本商业环境的平面空间组合要求

1）满足各部分的使用要求，功能分区合理。

2）设计要求紧凑，既要在有限的空间内满足使用要求，又要留出营业活动空间。

3）营业厅的柱距较大，层高较高，如图 8-3 所示，对照明、自动扶梯以及消防设备，水平及垂直运输系统，均要在设计中加以充分考虑，如图 8-4 所示。

4）设计精美的橱窗和展台，如图 8-5 所示。

（2）基本商业环境的空间形态

基本商业环境由于体量的庞大，产生了丰富的空间形态：

图 8-3　营业区域柱距大

1）大厅式。其特点是营业厅面积大，容纳顾客多，用地紧凑，顾客流线自由、畅通，空间开阔，容易形成商业气氛。缺点是空间干扰严重，拥挤，不利消防。

图8-4 商业步行街照明和自动扶梯

图8-5 橱窗

2）错层式。其特点是分成若干个适中的营业面积，形成层次错落的专营区，各空间相互联系，使营业空间相互呼应，如图8-6所示。

3）回廊式。其特点是空间贯通，中央升高，顶部可采光通风。在回廊上可举目环望四周，便于顾客寻找和选购商品。缺点是空调负荷大。目前大部分超市采用这种形式，常配以水池、喷泉、绿化、休息坐椅和雕塑等，如图8-7所示。

图8-6 错层式服装卖场

图8-7 回廊式营业厅

（3）不同业态的购物空间设计特点

1）专卖店。专卖店能产生很高的经济效益，给顾客有目的地选择商品提供了方便。专卖店的室内设计要根据商品的共同特点，塑造具有个性特色的空间环境。专卖店分为两种，如图8-8所示，以某种品牌商品为销售对象的专卖店，如金利来、麦当劳、匡威等；以及如图8-9所示，以商品类型组成的专卖店，如家电商场、珠宝商店和化妆品专卖店等。

2）百货店、超级市场、仓储商店、大卖场等。这些业态的商业空间的经营方式为开架售货，顾客直接在货柜前挑选商品，如沃尔玛超市、中百超市、家乐福超市、麦得隆超市等。

图 8-8　运动鞋专卖店

图 8-9　化妆品专卖店

3）百货商场、购物中心、销品茂等。这些业态的商业空间都属于是大型商业交易场所，在空间上要考虑客流量、疏散导向性等功能，特别是商品空间的展示和陈列布局的设计。按使用功能划分，常分为外部空间、公共空间和服务空间三个主要部分。外部空间是从城市街道或广场引导客流进入门厅，使其形成内外连贯的空间；公共空间是中庭、门厅、连廊等；服务空间是商业中心的主角，承担着经营、陈列商品、商品周转和公共设施服务等重任。

4）商业步行街。商业步行街大多位于市中心，经过规划部门全面筹划，将旅馆、饭店、停车场、大型百货商场、银行、影院、绿化广场和娱乐中心等联系在一起，并从建筑整体规划入手，形成全新的、功能设施齐全的商业街区建筑群，达到人、商业、环境之间的能动交互作用，如图 8-10 所示。商业步行街有以下特点：

1）设计注重空间形式和功能上的差异及其不同的组合关系，以及人的购物、休闲需求。

2）追求各项设计元素的组合给人最佳知觉效果的风貌与气氛。

3）对步行街入口广场与街道的设施进行景观设计与开发，最终形成现代城市商业中心的重要组成部分，体现了现代城市的基本职能，如图 8-11 所示。

图 8-10　武汉世界城光谷商业步行街

图 8-11　武汉光谷步行街道路设施

8.2 商业购物空间的设计原则

8.2.1 功能性原则

1. 展示性

除了一般意义上的商品陈列，商业空间的展示性还可以包括舞台上的动态表演、POP广告等有关商品自身以及附加信息的传达，如图8-12所示，购物中心广告的发布如图8-13所示。

图8-12 服装专卖店附加信息的传达

图8-13 购物中心广告的发布

2. 服务性

商业空间提供各种有形或无形的服务，包括购物、休闲、咨询、汇兑、寄存、修理、餐饮、广告发布及美容等，如图8-14、图8-15所示。

图8-14 广告的发布

图8-15 购物中心的餐饮空间

3. 娱乐性

提供影院剧场、儿童游乐、电子游戏及运动休闲等调剂身心的活动。

4. 文化性

无论是商品陈列或娱乐活动，其本质均是文化活动，包括各类流行时尚文化活动。

8.2.2 精神性原则

1. 消费心理

顾客消费行为的心理过程活动，是商业空间设计师必须了解的基本内容。顾客的消费心理活动大致可分为三个阶段：

（1）认知过程 认识商品、了解服务是消费行为的前提。在这个过程中，商品本身和空间环境要起到诱导作用。商品的包装、陈列以及商业空间的装饰等，对消费者的进一步消费行动起重要作用。舒适、美观的空间装修，以人为本的服务体系，生动别致的橱窗展示，商品的陈列、品牌以及广告宣传效应等，都会使消费者感到身心愉悦，产生消费的欲望。

（2）情感过程 在认知的基础上，消费者经过一系列的比较、分析、思考，直到作出判断的心理过程。

（3）意志过程 通过认知和情感的心理过程，使消费者有了明确的购买目的，最终实现购买的心理决定过程。

2. 购物环境

不同的消费者会有不同的购物行为，但对环境的要求则大致相同。

（1）购物环境的舒适和美观性 购物环境的舒适性和美观性，能提高消费者光顾次数和停留时间，也就为接触商品提供了机会。创造美观舒适的购物环境，主要体现在材料的柔和性（图8-16）、氛围的轻松性（图8-17）、视觉的愉悦感（图8-18）、能增加消费热情和舒适感的暖色调（图8-19）等。

图8-16 柔软的材质给予消费者舒适感

图8-17 轻松的购物洽谈环境

图 8-18　家庭般的视觉愉悦感

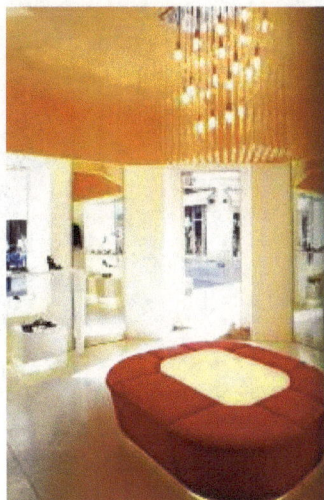

图 8-19　暖色调增加消费热情和舒适感

（2）购物环境的安全性　商业空间在设计上追求舒适性的前提是保证商业空间在使用上的安全性。国家对公共建筑的室内环境有明确的规范和要求，要严格按照规范进行设计。首先，要考虑设备安装设计的安全性；其次，空间设计中要避免可能对顾客造成伤害的因素；第三，设计时要避免会造成顾客恐惧和产生不安全感的因素。

（3）购物环境的方便性　就近购物，方便快捷，省时省钱，是消费者的最佳选择。因此，交通便利和人口密集的区域往往作为商场业主选址的首要选择。此外，商业空间内部交通路线设计的合理性也决定了购物环境的方便性。

（4）购物环境的可选择性　"货比三家"是众所周知的道理，也说明了消费者在消费过程中存在着比较、选择的过程。而这一过程的满足则能够促进消费的形成，这说明购物环境中存在可选择性的重要性。所以，大型的购物环境中应进驻多家商店，汇集多方面信息等，以便消费者进行选择，产生商业聚集效应。

（5）购物环境的标志性　在同一个区域，经营同一种商品的商店，只有设计富有创意的橱窗和广告，才能给消费者留下深刻的印象，如图 8-20、图 8-21 所示。

各种形式的展示是人类特有的一种社会化活动，正因为每个商店都具有的独特性、新颖感和可识别性，才形成了商业街丰富的商业氛围。

8.2.3　技术性原则

根据商场（或商店、购物中心）的经营性质和理念，商品的属性、档次和地域特征，以及顾客群的特点来确定室内设计的风格和价值取向。购物空间不能给人拘束感和干预性，要制造出购物者可以充分自由挑选商品的空间气氛。消费者对商场的第一感觉是舒畅还是沉闷，与色彩和灯光有很大关系。恰当地运用色彩和灯光，调整好商品与背景环境的色彩及明暗关系，突出商品的视觉冲击力度，能对空间氛围起到积极的作用。在空间处理上要做到宽敞、通畅，让人看得到、做得到、摸得到。设施、设备完善，符合人体工程学原理；防火区明确，安全通道及出入口通畅，消防与标志规范，有为残疾人设置的无障碍设施和环境。

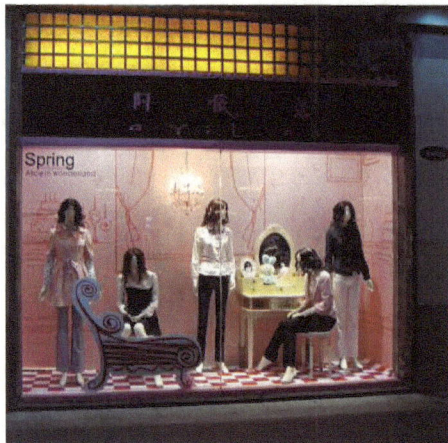

图 8-20　阿依莲春季服装橱窗广告　　　　　　　　图 8-21　浪漫一身服装专卖店橱窗设计

　　将生态引入室内设计，则向室内设计师提供了一个新的发展思考点，开辟了一个新的创造领域。在室内生态设计中实行资源的循环利用，这是现代建筑能得以持续发展的基本手段，也是室内生态设计的基本特征。在室内空间设计中，可持续性发展的基本技术措施有以下几方面：采用生态环保型装修材料；设计与建筑构造技术结合；采用全面的现代绿化技术；节约常规能源技术；与洁净能源技术结合；与现代高科技的结合。科技化是另一类型商业空间的发展模式，如制式化的量贩超市、连锁大卖场及百货公司等，这种发展模式主张以计算机管理来取代一对一的传统服务模式。

　　显然，室内生态设计包含了建筑、结构、设备、艺术及园林绿化等许多专业的内容，它促使设计师不断更新知识，熟悉和驾驭新技术。

8.3　商业购物空间各部分的装饰设计

8.3.1　外立面

　　商业空间外立面设计是商业空间设计的门户，是保证商业空间连续的重要关口，在一定程度上也是商业活动成功的保障。它主要包括商业店面门头招牌设计、店面立面设计及店面周围环境设计等内容，如图 8-22 所示。

　　商业环境设计中店面门头设计大多是标志性设计，如图 8-23 所示，简言之就是要能准确地告诉顾客进入了什么样的商业空间。在设计原则上一般采用商品或企业的标志、色彩、图形等统一元素构成。商店立面决定了店面的设计风格，并在一定程度上隐含商业内部空间的风格特征，较

图 8-22　李维斯服装专卖店立面与招牌设计

能体现出企业或商品的特性，如图8-24所示。

图8-23　兰蔻店面标志设计　　　　图8-24　浪漫一身服装专卖店立面与招牌设计

商业外立面设计在形式上应体现以下几点特性：

1. 构成性

以空间的构成性技法实现店面的自由平面和自由立面，其构成的特征是以空间的静态因素为主，在静态的语言传述中最终实现设计的功能性，达到店面设计的目的。这种静止不是一种绝对的静止，只不过相对于动态空间来说，"静"的因素大于"动"的因素。

商业店面的立面构成可以采用形状、色彩、空间分割等几种形式。在形状的构成上可以借鉴现代的艺术形式，以新颖、独特的设计形式实现设计的目的；在色彩的选择上，可以以夸张、醒目、鲜艳的色彩实现与众不同的视觉效果，如图8-25所示。

2. 材质性

在商店的立面设计上，良好的材质不仅可以沟通室外和室内的空间，并会在视觉的引导下产生积极的思维想象。如玻璃等透明材质的应用，可以有效地实现空间之间的连续，而自然材质的选择会体现出空间的亲和力。当然，材质的多元化必然会引发不同的设计理念和设计功能，在材质的选择上不仅要符合形式追随功能的设计原则，还要能应用材质创造出设计的艺术美，真正达到美化空间的目的，如图8-26所示。

图8-25　香奈儿专卖店面　　　　　图8-26　木质饰面材料的店面设计

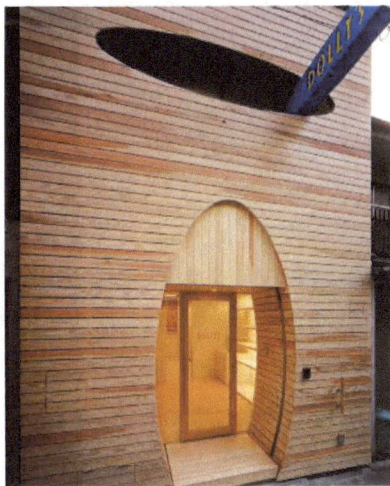

3. 时尚性

时尚性是商业空间的重要特征，所以在商业空间的设计上应具有时尚性。同样，商业空间的立面设计也应能折射出时尚的元素。时尚性的表达应符合商品的气质特征，并在时尚元素的构造中加入其他相关元素，可以避免设计的肤浅性和庸俗化，如图8-27、图8-28所示。

图8-27　法国珠宝专卖店橱窗设计

图8-28　日本某快餐店店面设计

8.3.2　入口、门厅

商业空间的出入口主要承担着交通功能和店面形象展示的任务，如图8-29所示，它与垂直交通的相互位置决定着客流的动线，所以应留出足够的交通面积以供顾客进出和停留，同时，应依照经营商品的范围和类别以及目标顾客的习惯和特点来确定设计风格，吸引顾客并使其一进店内就产生强烈的新奇感受和购买欲望。

1. 入口与门厅的功能设计要求

商店立面入口设计应体现该商店的经营性质与规模，显示立面的个性和识别效果，入口设计则着眼于达到吸引顾客进入店内的目的。店面入口由于安全疏散的要求，门扇应向外开或设置双向开启的弹簧门，门扇开启范围内不得设置踏步。同时，商店入口应考虑设置卷帘或平推拉的金属防盗门。具体要求如下：

1）疏导交通、引导客流。出入口的位置、数量和密度都应满足安全疏散的要

图8-29　销品茂商城入口

求，如图8-30所示。

2）需在入口空间内设置服务台、咨询台、商场分区指示牌和导购牌等，如图8-31所示。

3）与环境和绿化设计进行良好结合，形成商场或亲切宜人、或优雅时尚，或高档、或大众化的商业氛围。

4）入口门厅可与宽大的前庭或入口广场结合，如图8-32所示。

除上述功能之外，还可与休闲功能、建筑小品结合，形成丰富的城市商业景观。

图8-30 商场分区指示牌

图8-31 销品茂商城入口服务台

图8-32 商场入口门厅与广场结合

2. 入口设计的手法

（1）突出入口的空间处理 在立面上强调、显示入口的作用。将入口沿立面外墙水平方向后退，使入口处形成室内外空间过渡及引导人流的"灰空间"，或将与入口组合相关轮廓的造型沿垂直方向向上扩展，起到突出入口的作用，如图8-33所示。

（2）构图与造型立意创新 通过对入口周围立面的装饰构图和艺术造型（包括门框、格栅）的精心设计，创造出具有个性和识别效果的商业空间入口，如图8-34所示。

（3）材质、色彩的精心配置 粗犷与精细相结合的加工工艺，玻璃与金属、玻璃

图8-33 引导人流的"灰空间"入口

与石材的材质配置，如图 8-35 所示；黑与白、灰与白、红与黄等的色彩配置，如图 8-36 所示，都突出了商业空间入口作为视觉中心的效果。

图 8-34　艺术造型入口

图 8-35　玻璃与石材材质配置的入口

（4）入口与附属小品相结合　商业空间入口造型可以与雨篷、门廊等相结合，也可以与雕塑小品连成一体，使店面具有个性，如图 8-37 所示。

图 8-36　灰与白色配置的入口

图 8-37　销品茂商城次入口与雕塑小品结合

3. 门厅的位置及形式

门厅的形式，根据具体情况有不同的处理方法，主要有三种类型：

1）有明确的界定，具有独立的空间——独用门厅，如图 8-38 所示。具有明确界定的门厅，常有一定的形状，如圆形或矩形等，因此在进行室内设计时，地面、顶棚、墙面装修以及灯具、家具布置等相对比较独立，较易处理。

2）与其他厅室的使用功能相结合——合用门厅（多用门厅）。门厅和其他使用空间相结合成为统一的空间，彼此之间常没有十分明确的界定，功能多样，布置分散，在处理顶棚、地面、灯具等方面要复杂一些。因此可通过地面或顶棚的变化，如采用升高或降低等方法，在统一空间中作为相对的界定，分别处理，容易达到区分的效果。合用门厅如图 8-39 所示，合用门厅与销售中心结合处如图 8-40 所示。

3）具有多层次的门厅组织——多层次门厅，如图 8-41 所示。门厅大门经常处于被开启的状况，在北方由于天气寒冷，影响室内保温；或者由于建筑功能组织和立面造型统筹考虑的结果，需要再增加一个层次等，均须按实际情况进行设计。

图 8-38　独用门厅

图 8-39　合用门厅

图 8-40　合用门厅与销售中心结合处

图 8-41　销品茂商城多层次的门厅组织

8.3.3　中庭

我国传统的院落式建筑布局，其最大的特点是形成位于建筑内部的室外绿化空间，即中庭。这种和外界隔离的绿化环境，因其清静不受干扰，所以能达到真正的休息作用。庭院居中，围绕它的各室也自然分享其庭院景色，这种布局形式在现代建筑中也经常运用。现代中庭吸取了传统建筑中庭的优点，并有了进一步的发展，既丰富了人们的生活，也创造了新的空间，如图 8-42、图 8-43 所示。

中庭作为大中型商场，特别是大型商场的公众活动空间，具有以下意义：

1）丰富空间层次，强化商业气氛。

2）形成交通枢纽，组织空间秩序。

3）强调生态绿化倾向，形成舒适空间。

4）宣传企业品牌，美化商场形象。

5）组织多种活动，增加休闲空间。

图 8-42　销品茂商城中庭走廊

图 8-43　销品茂商城中庭表演区

8.3.4　自动扶梯、电梯、步行楼梯

1. 自动扶梯

自动扶梯是大中型商场垂直运输客流的主要通道。在一般商场的人流集中区，前庭、中庭及商品集中售卖区域都设有自动扶梯。设置的排列一般为两部并排放置，一上一下运行，在不同楼层相同位置设置。也有两部自动扶梯与步行楼梯并排，或一部自动扶梯单独排列的形式，如图 8-44、图 8-45 所示。

图 8-44　两部自动扶梯与步行楼梯并排排列

图 8-45　一部自动扶梯单独排列

2. 电梯

商场重要位置及中心位置的电梯及观光电梯，一般设在商场的开放性空间中，多数设置在中庭、前庭这些多层贯通的空间或商场外立面上。乘电梯的目的是省时省力，因此乘电梯的顾客大多心情比较急切，希望更快地到达目的地，所以在电梯厅内停留等候的时间一般较短。此外，电梯厅面积一般均按规范要求确定，空间十分有限，因此在设计上大都比较简洁，不需要过多的装饰和陈设。但作为顾客出入的必经之地，电梯厅常用坚固耐用和美观的材料，如花岗石、大理石、不锈钢等，如图 8-46 所示。

观光电梯能使人的视线从密闭箱体中解放出来，获得在运行时观赏变化景观的作用，因此又称为景观电梯，如图 8-47 所示。

图 8-46 电梯出入口

图 8-47 观光电梯

3. 步行楼梯

步行楼梯在大中型商场中是电梯和自动扶梯等垂直交通方式的补充手段。与电梯和自动扶梯相比，步行楼梯结构可靠，维护费用少，造价经济。步行楼梯平时可作为商场通道，在发生紧急情况时则是主要的消防疏散通道，因此必须按设计规范进行设计。

步行楼梯的功能和多种处理方式，使其在建筑空间中有着独特的造型和装饰作用。一般有开敞式和封闭式两种，并有不同的风格和形态，如庄重型或活泼型，对称式或自由式等。步行楼梯也常作为空间分隔和变化的一种手段。开敞式楼梯可以创造多层次的空间，为人们带来流动变化的景观。同时可在适当位置扩大楼梯平台，为人们提供良好的休息场所，如图 8-48 所示、图 8-49 所示。楼梯前的台阶常作为楼梯的空间延伸而引人注目，起到引导的作用，如图 8-50、图 8-51 所示。

图 8-48 开敞式步行楼梯

图 8-49 封闭式步行楼梯

图 8-50　扩大平台的步行楼梯　　　　　　　　图 8-51　专卖店中的双跑步行楼梯

扶梯、电梯和步行楼梯的共同特点是布置在靠近入口处易见的地方，和对外出入口有较为紧密的直接联系。自动扶梯常和楼梯布置在一起，这样不但平面比较简洁，节约占地面积，而且在停电时可迅速疏导人流，不至混乱。电梯主要用于高层建筑中，常与疏散楼梯结合布置，组成高层建筑所特有的核心筒体，作为建筑的交通枢纽。

8.3.5　顶棚

顶棚总体布局应与平面相一致，密切配合平面设计的功能区域，充分发挥顶棚对空间的界定作用，合理划分各销售展区的空间层次，引导顾客流线。顶棚与地面不同的是它的空间标高可变性，应利用这一特性，在合适的局部创造出各种富有造型变化的空间组成要素。顶棚总体布局应尽量简洁，色彩淡雅；局部可以丰富变化。材质的选用在同一层中尽量以一到两种为主，在统一中求变化，如图 8-52 ~ 图 8-55 所示。

图 8-52　柜台与顶棚相结合　　　　　　　　图 8-53　顶棚流线运动型设计

顶棚设计需要考虑多专业配合（空调、水、消防、音响、弱电综合系统布线、设备放置等），如图 8-56、图 8-57 所示。顶棚设计除考虑本身具有的材料属性、造型和色彩特性之外，与灯具的设计、布局以及艺术效果的关系最为密切，两者应综合考虑，如图 8-58 所示。大面积顶棚用材必须使用不可燃性材料。如结构框架一般采用轻钢龙骨，如图 8-59 所示面材一般使用石膏板、铝型板、水泥纤维板、铝合金扣板、条板和格栅等。

图 8-54 顶棚简洁淡雅设计

图 8-55 顶棚曲线设计

图 8-56 顶棚设计与多专业配合

图 8-57 顶棚设计与设备配合

图 8-58 顶棚色彩与灯具的搭配设计

图 8-59 轻钢龙骨构架的格栅顶棚

8.3.6　地面

地面设计要配合总平面设计，划分出走道、各销售区域等主要空间，及门厅、电梯间、楼梯间和休息处等辅助空间。销售区地面一般不宜设计较复杂的图案，走道地面可设计成引导性图案，重点门厅的地面要设计一些精美、细致的拼花图案来突出其位置，如图8-60、图8-61所示。地面提倡无高差和无障碍设计。现代商场地面常采用的材料有磨光大理石、花岗石、抛光地砖、耐磨亚光地砖等，如图8-62、图8-63所示。

图8-60　销品茂商场地面设计

图8-61　法国某专卖店地面设计

图8-62　地面不同材料的搭配

图8-63　耐磨亚光地砖地面

8.3.7　墙面

与其他公共建筑不同，商场除了在门厅、电梯厅等处有相对较大的墙面外，在营业区中，墙面均被划归为零售区域。因此，商业空间的墙面设计整体性不强，需服从于售卖区的装饰与功能设计，如图8-64所示。

墙面如果基本被货架和货柜等设施遮挡，一般只需用乳胶漆等涂料涂装，或施以喷涂处理即可，局部墙面可重点特殊处理。如营业厅中的独立柱面往往位于顾客的最佳视觉范围内，因此柱面通常是塑造室内整体风格的基本点，

图8-64　某专卖店墙面处理

需加以重点装饰。不同墙面处理如图 8-65～图 8-70 所示。

图 8-65 服装专卖店的乳胶漆墙面

图 8-66 皮具专卖店的乳胶漆与金属隔板结合墙面

图 8-67 某专卖店的喷涂处理墙面

图 8-68 首饰专卖店的墙面局部处理

图 8-69 饰品专卖店的墙面局部处理

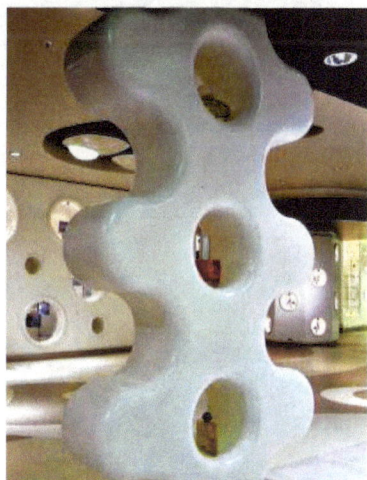

图 8-70 独立柱面的装饰

8.4 商品陈列柜架的设计

8.4.1 柜架

柜架设计需考虑实用性、灵活性、美观性和安全性。

1. 实用性

柜架设计要符合商品陈列的尺度要求，要与人体工程学相结合，便于顾客观看、挑选和存取，如图8-71~图8-73所示。

图8-71 法国音像制品陈列架

图8-72 服装专卖店陈列架

2. 灵活性

柜架在商场空间中要便于灵活摆放和搬运布置，如图8-74~图8-76所示。

图8-73 服装饰品陈列柜

图8-74 某服装商场柜架

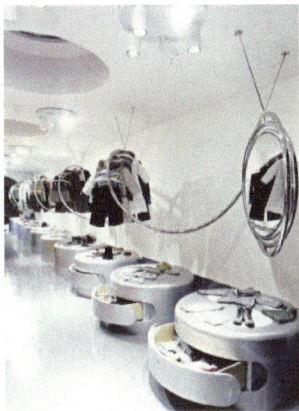

图 8-75　某服装专卖店陈列柜架

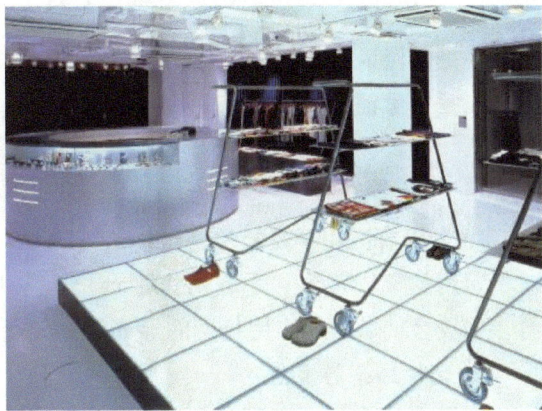

图 8-76　轮式陈列架便于摆放和搬运

3. 美观性

在满足基本功能的基础上，通过不同材料的运用，不同色彩的搭配，造型的对比组合等，设计出不同的柜架形式，如图 8-77～图 8-80 所示。

图 8-77　开放式壁挂陈列架

图 8-78　封闭式壁挂陈列架

图 8-79　造型独特的皮具陈列柜

图 8-80　造型简洁的陈列架

4. 安全性

一是要保证商品安全，保证价值较为贵重的商品不易滑落或摔坏，柜、架都要有承重能力；二是要保证顾客的安全。

8.4.2 柜台

1. 金银首饰和手表销售柜台

常用的金银首饰和手表销售柜台长度为 1000～2000mm，高度为 760～900mm。使用材料多为胶合玻璃，且多用特别的点光源，如图 8-81 所示。

2. 化妆品销售柜台

常用的化妆品销售柜台长度为 1000～2000mm，高度为 500～600mm，一般设计成双层玻璃柜，多按企业的形象色用各色胶板来装饰表面，同时搭配不锈钢或彩色不锈钢，在灯光的配合下显得华贵、浪漫，如图 8-82 所示。

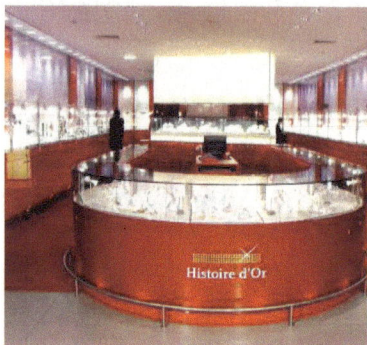

图 8-81　金银首饰销售柜台

图 8-82　化妆品销售柜台

3. 其他小商品经营柜台

其他小商品经营柜台尺寸基本与上述两种相同，但要注意两个方面的问题：一是内在使用是否方便；二是柜台造型可以自由变化，如图 8-83、图 8-84 所示。

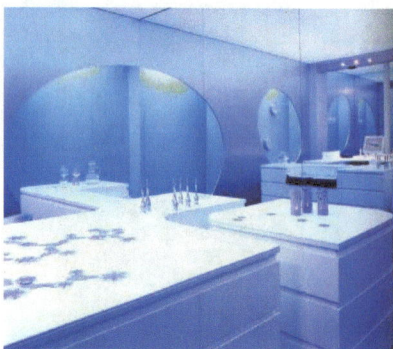

图 8-83　专卖店柜台

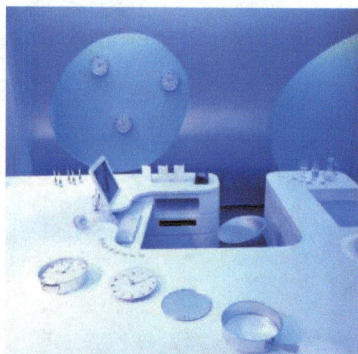

图 8-84　专卖店柜台局部

8.4.3　陈列架

根据商品陈列高度可分为高、中、低位陈列三种。陈列高度是指商品与顾客视线的相对位置。

1. 低位陈列架

低位陈列是一种在人的视平线以下布置陈列区位的布置方式。低位陈列的面积较大，既可摆放较大展品，也可布置数量众多的小商品。对顾客而言，低位陈列使他们能以俯视的目光仔细地观察商品的全貌，低位陈列架如图8-85、图8-86所示。

图8-85　低位陈列架正面整体效果

图8-86　低位陈列架局部效果

在商场中间部位的低位开放陈列架，一般高度不超过人的视线。低位陈列架可分为两大类：

（1）可变换位置、灵活摆放的柜架　按基本结构设计可变换位置、灵活摆放的柜架，如图8-87、图8-88所示。

图8-87　低位服装开放陈列架

图8-88　低位服装多层开放陈列架

（2）异形柜架　根据商品特性和区域装饰的需要，设计形式独特的可移动的异形柜架，如图8-89、图8-90所示。

图8-89　可移动的异形支架

图8-90　可移动的异形展柜

2. 中位陈列架

中位陈列是一种在接近于人的视平线高度布置陈列区位的布置形式。商品与人眼的夹角关系在90°以内，对顾客而言是最舒适的首位视区，故为最佳陈列区位。中位陈列架一般根据深度作2～3层陈列，是最为丰满的陈列区位。中位陈列架如图8-91～图8-94所示。

图8-91　某专卖店的中位陈列架

图8-92　皮具专卖店的中位陈列架

3. 高位陈列架

高位陈列是指在人的视平线以上的位置布置陈列区位的布置形式，常常能形成特殊的展示效果。高位陈列是在视平线以上陈列区位进行布置，设计时一是要注意仰视造成的透视歪曲（变形），二是要注意仰视角度对不同产品的视感。如果是挂件与画面等，呈向前15°～30°倾斜效果最好。小件精细商品不宜置于高位，而以强调远视效果的大商品为宜。高位陈列架如图8-95所示。

图 8-93　服装专卖店的中位陈列架

图 8-94　服装专卖店中部的中位开放陈列架

图 8-95　法国珠宝专卖店高位陈列架

8.5　商业购物空间设计案例

　　本案例是坐落于上海外滩的阿玛尼服装专卖店设计。该店属于高档服装品牌店，主要采用高品位高享受的销售模式，突出购物只是生活的一部分的理念，在店内可以喝咖啡、看书，轻松地挑商品。因此，设计的空间相对宽阔、通畅，布局简洁但讲求商品的整体效果。陈列方式主要是套件和零星的布局，不像中低档商品采用堆砌方式。

　　本案例设计师采用了较为时尚的材料，颜色与该品牌形象色相统一，陈列架和地面都采用深色，显得稳重大气。灯光以重点照明为主，强调商品的展示。门厅空间的坡度陈列架使商品富有层次，空间显得开阔而不拥挤。墙面进行浅色的波纹处理，与地面和陈列架形成对比，增加了空间尺度，同时突出了商品的样式。以镜贴敷柱体不仅使气氛显得浪漫和梦幻，更使空间富有现代气息，具体设计如图 8-96 ~ 图 8-105 所示。

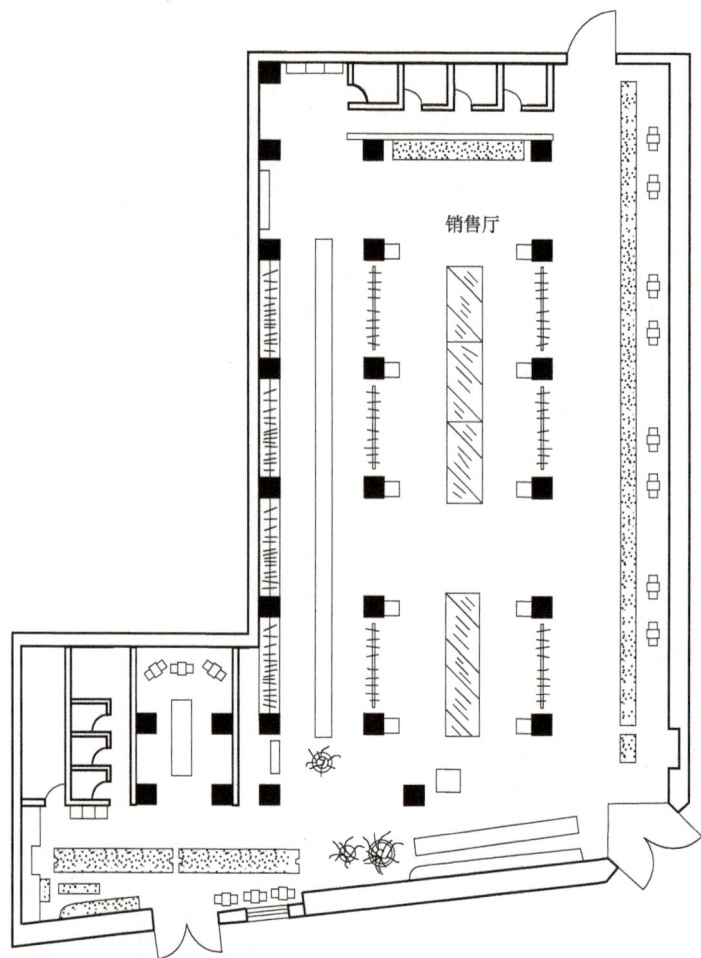

图 8-96 平面布置图

销售厅

图 8-97 店面外立面设计

图 8-98 销售厅左侧

图 8-99　销售厅陈列架

图 8-100　低位陈列柜

图 8-101　试衣空间与销售厅后部隔墙处理

图 8-102　销售空间中部的陈列柜装饰

图 8-103　销售空间右侧陈列区

图 8-104　销售空间中位陈列柜

135

图 8-105　门厅空间设计

思　考　题

1. 综合式营业厅平面布置应注意哪些设计要点？
2. 商业购物中心的地面在设计过程中应注意些什么？
3. 商业购物空间设计有哪些流派和风格？
4. 专卖店空间设计如何展现品牌特色和不同的购物理念？
5. 怎样理解商场购物流线的组织？
6. 结合课题设计，调查当地商业空间设计中材料的运用现状。

参 考 文 献

［1］韩阳. 卖场陈列设计［M］. 北京：中国纺织出版社，2006.

［2］张夫也，张志颖. 商业空间设计［M］. 长沙：中南大学出版社，2007.

［3］汪建松. 商业展示及设施设计［M］. 武汉：湖北美术出版社，2001.

［4］苏丹，方晓风. 环艺教与学：第一辑［M］. 北京：中国水利水电出版社，2006.

［5］李爱先. 店铺创建设计［M］. 北京：经济管理出版社，2004.

［6］侯林. 室内公共空间设计［M］. 北京：中国水利水电出版社，2006.

［7］法国亦西文化公司. 法国商店设计［M］. 沈阳：辽宁科学技术出版社，2007.

［8］Jacobo krauel 克劳埃尔，Amber Ockrassa 欧克拉萨. 最新欧洲室内设计［M］. 王莹，译. 大连：大连理工大学出版社，2005.

［9］李强. 空间·风格店［M］. 天津：天津大学出版社，2005.

第 9 章　展示空间设计

展示设计是一个有着丰富内容，涉及广泛领域并随着时代的发展不断充实内涵的课题。它是一项面对公众，展示经济、文化、艺术等内容，传达相关信息的公共性艺术活动。

9.1　展示设计概述

9.1.1　展示设计的概念

1. 展示的含义

展示，从字面上解释，就是把某种东西拿出来给别人看。这里的东西可以是商品、纪念品、文物，还可以是才艺等。

"展示"具有清楚地摆出来或明显地表现出来的意思。根据人们的生活经验，可将生活中的各种展示内容按场所进行归纳：

1）展示会——博览会、展览会、交易会等。

2）展示场——竞技场、剧场、商场等。

3）展示馆——博物馆（历史、自然、科技、民俗、物产等类别）、美术馆、图书资料馆、水族馆、纪念馆等。

4）展示园区——动物园、植物园、名胜园等。

展示设计的基本概念是以招引、传达和沟通为主要机能，进行有目的、有计划的形象宣传和设计活动。

2. 展示的功能

企业要展示最新的产品，推广企业文化；国家需要推广自己的形象，艺术家想展示自己的才艺。人们去参观公园、展览会，看美术展等行为都是为了获取信息，扩大自己的视野。展出人与参观人双方通过展示这一媒介进行信息交换，达到各自的目的。这就是展示的功能，展示是为了促进交流与沟通。

3. 展示的特点

1）展示具有很强的目的性，要实现一定的价值，如世博会等。

2）展示也是一种沟通行为，展览会是信息交换的场所。参展商和观众在展览会通过展品进行交流沟通。

9.1.2　展示设计的发展

1. 展示设计的演变

生产力的发展引起了生产关系的变革，劳动出现了剩余产品，私有制开始出现。为了获得别人的劳动产品，出现了产品的交换，市场也随之产生。所谓"筑城以卫君，造郭以守民"，这就是"城"的起源，"市"就是交换货物的地方，因而形成了城市。城市的形成促进了商业的发展和职业的分工，出现了专门的店铺和商人，随后才出现商业展示，如图9-1所示。

图9-1　早期城市商业面貌

2. 博览会的兴起与发展

国际博览会的产生是近代工业生产发展和资本商品投入国际市场竞争的结果。它的发展初期可概括为两个阶段：第一阶段是在巴黎开始和终结的，时间为1798年~1849年，范围只局限于法国；第二阶段则占了整个19世纪的后半叶（1851年~1893年），这时它已具有了国际性质。1851年的首届世界博览会，开创了展示设计的历史新纪元，正如恩格斯所评价的"1851年的博览会，给英国岛国的闭塞性敲起了丧钟"。同时，也标志着现代展示设计学科开始形成，如图9-2所示。

图9-2　早期博览会

9.1.3 展示设计的程序

1. 展示设计的要素分析

有目的地实施展示设计的计划，并遵循分阶段按时间顺序模拟展开的科学设计方法，称为设计程序。

展示设计的要素包括以下几个方面：

（1）展览时间 包括展览的季节、展览时间（长期展览、中期展览、短期展览、临时展览等）、展览是否在假期等，以估计人流量。

（2）展览地点 一般是展览中心，如北京展览馆、武汉展览馆，每年都会有主题性的展览。

（3）展览主题 车展、食博会、机电博览会这些都是常见的主题。

（4）展览人员 人员要素包括展示的举办者和展示受众者。举办者一般是指展示活动的举办人或是实施者，如企业、商家和参展部门等；展示受众者则是指参观展示会的观众和顾客，是展示会所要诉求的对象，也是展示会活动目标成功与否的关键人群。受众的生活背景、思想和意识形态，消费的观念和欲求，产生的购买冲动和动机都是展示会所要深入研究并加以引导的。

（5）展示品 展示品要素是传播展示信息和实现展示目标的载体。展示品具有各自不同的性能、质地、数量、重量和形状以及色彩尺寸等组群关系，另外，展品分平面和立体两大展品形态。对于展示品的基本性质和特别性能加以了解，有利于在展示陈列中创造出新颖奇妙的形态，展现出鲜明生动的视觉艺术效果。

（6）展示空间 展示空间要素是指展示活动或展览陈列的空间场所，是展示活动得以开展的基础。对展示空间的考察和了解是展示设计中的关键环节。展示设计一般都是先从展示空间的规模情况、展区所处的位置条件、设备的条件和周边环境的条件等几方面加以考虑。规模是指展区所使用的面积大小尺寸，是标准展位还是其他异形展位等；所处的位置包括展区是在参观主线上还是在辅线上，是否容易出入，展品的装配是否方便等；设备的条件是指展示会的通风条件、自然和人工采光条件，电源水源以及通信管线的完好畅通等；对于一个展区的布置而言，了解周边展台的环境条件也是必不可少的，由于现代展示会通常都是同行业之间的竞争，所以了解了周边参展者的情况，就能知己知彼，做到扬长避短，创造与众不同的展示区域，使展示设计效果一枝独秀、脱颖而出。

2. 展示会的前期准备工作

前期工作虽然还不是真正意义上的设计工作，但包括了展示设想、筹备组织、资金筹集、广告和宣传活动等工作，这些工作的进展会直接影响到会展设计的效果，也会对后期的展示效果产生较大的影响。

3. 设计过程与表达

（1）总体设计阶段 在确定设计脚本的基础上，展示的总体设计实质上是一项展示的空间规划设计。空间的设计首先必须以空间的变化来达到引人入胜的目的，在形象、结构和色彩上要新颖别致，而且富有变化和对比，同时又要合理。在艺术形式上要追求视觉上的新颖，所谓视觉上的新颖也是形式上的新颖，除了空间划分、展示色调等方面要具有独特性之外，在总体的平面布置、展区的组合以及灯光照明的处理方式上一般都要创造出新颖的艺术形式。

（2）方案深化设计阶段　总体设计为具体设计确定了总体框架，并以展示脚本为基础，对设计方案所进行的再构思、再创造，使不可视的构想变成具体形象的设计。它是展示设计中最关键、最重要的环节。具体设计就是方案深化设计阶段，设计师一方面要遵循设计脚本的基本要求来进行构思，不可只凭自己的意志或个人的偏好来进行主观臆造，另一方面又必须充分发挥其想象力和创造性，对展示所要达到的展示效果有充分的把握。设计师要将总体设计方案中较为粗略的各种构想和规划付诸实施，并对展示设计中的版面、展台、模型等内容的详细造型、具体位置、明细尺寸、构造方式和使用材料等进行详细的设计，主要版面的内容及位置、文字形式、幅面大小、制作材料等都应当在设计图样中明确标出。一般为了直观地反映版面的设计效果和计算面积，常常按照参观的流线方向，以一定的比例将展示部位的立面展开，这种方法也称为"展线展开图"。一些技术方面的设计，如照明、动力、网络等设施也应当与相关的设计部门合作，并出具相应的技术图样，如灯具分布图、电力配置图等。一些展示的重点内容，设计上往往采用一些特殊表现手法来展示，如模型、场景和多媒体设备等。

（3）设计与施工制作的协调　方案深化设计阶段的完成，并不意味着设计过程的完结。对于展示设计来说，图样的设计只是设计过程中的一个环节，要将设计的意图完全变成现实，还要有一个施工、制作及安装、调试的过程。设计师应当向施工部门就设计图样进行技术交底，即向施工部门介绍设计中的重要部分、制作中的难点以及应当注意的技术事项和展示造型的特点等。

9.2　展示设计的内容

9.2.1　展示空间的设计

1. 展示空间的布局设计

展示空间设计的目的在于借助于实物陈列、版面、灯光、道具、音像和色彩等综合媒体来有效地传递信息，但先决条件是占据一定的空间场所。对于展示设计场馆及其相关设施的具体要求，主要包括如下几点：

（1）面积使用与分割　场地面积的大小和使用方式与展示规模密切相关。面积较小的场地一般用于单一品种的展示物，品种多了，会显得杂乱、拥挤，影响展示效果；面积较大的场地可以分割使用，进行功能区域划分，使展示空间有序化；更大规模的展示场地，可以形成专门的展销会或博览会，如图9-3所示。

（2）场地高度要求　一般展馆对各参展单位的展位搭建都有高度限制，这是因为各展馆的建筑结构不同、层高不同，例如，北京国际展览馆的其中一层展位限高5m以下。如果展品是图片、书画艺术作品、丝棉织物或其他轻工业产品，对会展场地上空的高度大多没有

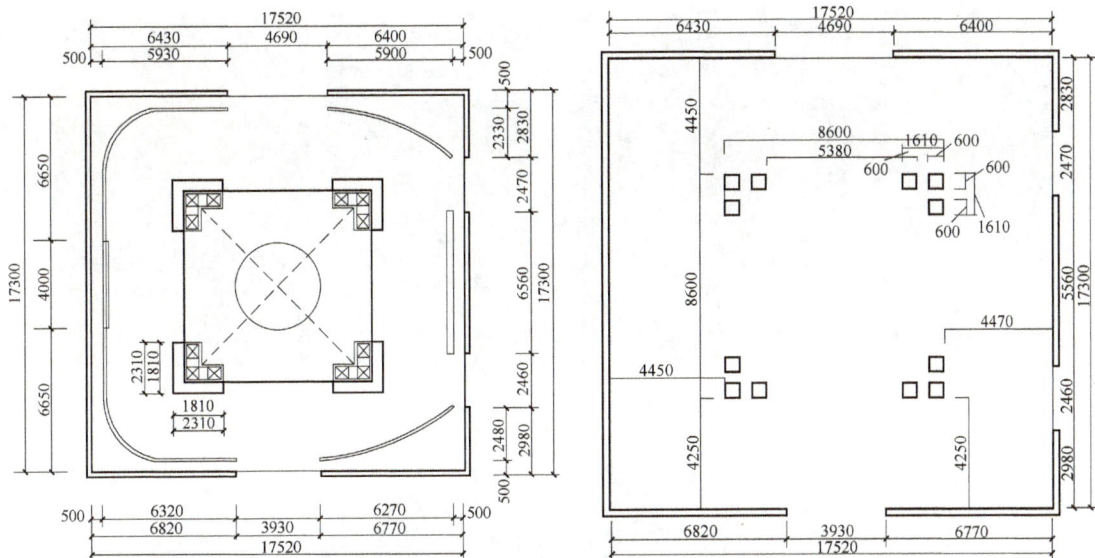

图 9-3　展示区的面积分割

什么特殊要求；如果展品是机械装置，运进运出要用拖车或起重机，则对顶棚的高度和强度有特定要求，如图 9-4 所示。

图 9-4　有高差的展示方式

（3）场地采光与应用　现代展馆因面积很大，且多为多层、多功能场馆，采光方式多为人工照明，如图 9-5 所示。

（4）场地基本设施布局　展馆的光源、电源、给排水系统、通风系统的装设位置和管线走向等，都是建造展馆时已经设定的，对展示场地的分隔和使用会有不少限制和影响。展示设计师要予以巧妙利用或善于避开。如有特殊需要，可向场馆管理部门申请，切不可自行主张改建，否则将影响展示功能，如图 9-6 所示。

（5）场地进出口和通道　进出展示场地的顺畅和快捷事关重大。会展场地入口小，让参观者排队等候，影响不好，造成拥挤更不利；如果出口小而少，短时间内难以撤离、疏散

图9-5 展示空间的采光方式

图9-6 展示区的设施

观众,则是重大安全隐患。在较大的会展场馆里,容纳数千参观者是常事,所以展示场地进出口的安排不可轻视。除主出入口外,应将观众与专业工作人员的出入口分开,且要设置紧急出口。连接展示场地与进出口的通道设计主要注意两点:一是宽度要足够,二是宜直不宜曲,否则会产生拥挤,造成流通不畅,如图9-7所示。

图9-7 展示区的通道与人流

2. 展示空间的特征与分类

（1）展示空间的特征　由于展示设计目的的多元化和展品类别与展示形式的多样化，所以展示空间具有灵活多变的组合变化特征。

1）"时—空"构成超维空间。展示空间设计受特定时间的制约，是时间与三维空间的高度集合。人们在展示场所可视、可闻、可问、可触摸，可以全方位地去参与、去感受，如图9-8所示。

图9-8　不同类型的展示空间

2）丰富多彩的空间组合。展示功能的多元性，展示范畴的丰富性，展示性质的差异性，展示场馆、展厅、展示区与展位的特殊性，展示结构方式的灵活可塑性以及将会展形态的点、线、面、体的打散与组合，形成了展示空间多姿多彩的组合形式，如图9-9所示。

图9-9　展示空间的组合

3）展示空间的开放性与流动性。展示空间应力图打破封闭的模式，开诚布公地将信息传递给大众，以努力促进主客双方的沟通与意向的一致。因此，展示空间较之生活空间具有极大的开放性。展示场馆是由人—物构成的川流不息的流动空间，如图9-10所示。

4）展示空间的群体化功能与时效性。目前，展示设计的传达功能、营销功能和沟通功能能已和生活娱乐及服务等功能多元融合，决定了各场馆系列群体化的空间组合与空间功能的

图 9-10　开放式的展示空间

多元化，如图 9-11 所示。

图 9-11　多功能的展示空间

（2）展示空间的分类　从展示空间功能来划分，展示空间的构成主要有展览空间和辅助空间。展览空间又分为外围空间、陈列空间、销售空间和演示交流空间。辅助空间包括共享空间、服务设施空间、工作人员空间和接待空间，其中共享空间又包括过渡空间、通道空间和休息空间。从构成形式上，展示空间可分为竖向型空间和水平横向型空间。从参观者的角度来讲，展示空间的空间形式有外向式会展空间和内向式会展空间两种。

1）竖向型空间构成形式。在竖向空间里，物体垂直距离越高，人们观察它的水平距离就越远。垂直空间的处理手法有两种，抑扬空间构成法和叠加空间构成法。抑扬空间构成法是通过将空间的顶部或界面沿垂直方向升高或降低来改变观众的情绪和心理感受；叠加空间构成法是沿垂直方向加层，形成多层空间，此方法可以扩大展示空间的实用面积，而且能节约大约30%的建造费用，但应确定叠加结构的牢固性与安全性。多层次的展示空间如图9-12所示。

2）水平横向型空间构成形式。在横向空间处理中，要求功能分区明确、合理，内外通透和谐，宜于流动。处理方法有围隔空间构成法、连续构成法和渗透构成法三种。横向展示空间如图9-13所示。

①围隔空间构成法。这是室内展示空间设计最普遍使用的手法。这种手法是将展示道

图9-12 多层次的展示空间

图9-13 横向展示空间

具进行网状排列，形成具有特定围隔功能的展示空间。其主要有三种类型：一是"围而不隔"，即用道具从三面进行围合形成"U"字形平面空间；二是"隔而不围"，即在信息空间出入口进行适当掩饰，既能让观众看到内部部分展示效果，又不让其看清全部；三是"又围又隔"，通常要求围隔得隐蔽，但又与周围空间相和谐，如洽谈空间和辅助空间的创造。

② 连续构成法。这是指在空间与空间之间的"过渡空间"中采用装饰性的手法，达到空间之间自然过渡，并使其具有一定的导向作用。

③ 渗透构成法。这种形式是运用中国古典园林艺术中的"对景"、"借景"和"引景"等表现手法，在视觉空间中达到互相渗透、融通的展示效果。

3）外向式会展空间。其又称为岛式空间，这种设计形式是指会展空间像一个小岛一样自成一体，各个方向都可吸引参观者的注意力，并且对观众开放。所有的朝向都有精彩的信息去吸引观众的注意力，比较符合观众观赏心理的需要和现代的展示观念，如图9-14所示。

4）内向式会展空间。这种空间形式一般都是一间屋子、一套房间或一个展示推广场地等，这就需要想尽办法吸引观众进入这个空间去观看陈列的展品及所要传达的信息，如图9-15所示。

（3）展示空间的流线与构成方法 展示空间的流线与构成方法如图9-16所示。

图 9-14　外向式会展空间

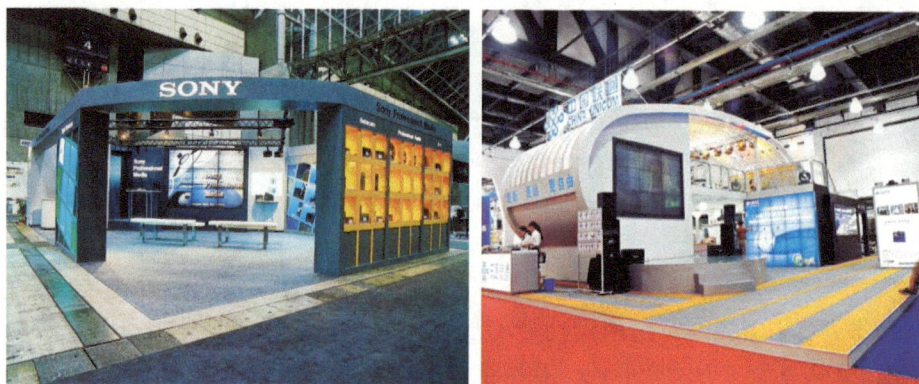

图 9-15　内向式会展空间

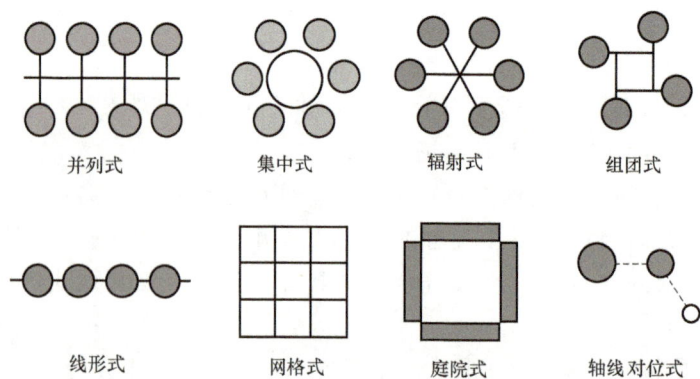

并列式　　　　集中式　　　　辐射式　　　　组团式

线形式　　　　网格式　　　　庭院式　　　　轴线对位式

图 9-16　展示空间的流线与构成方法

9.2.2　展示版面的设计

1. 展示版面的色彩设计

展示版面在某种程度上是介于环境和展品之间的中间媒介。版面的色彩很大程度上可以影响整个展示空间的色调，又能起到突出展示内容的作用。一般展示中，版面常用以安排图片、文字等平面内容，或作为整个展示的背景色彩。

（1）版面色彩的内容　版面的色彩包括版面底色、标题和文字的色彩及图片的色彩等，如图 9-17 所示。

（2）版面色彩设计的原则　同一版面上的色彩不宜过多，尤其是作为背景的大块色彩。即使在整个展示中用不同的色调来区分，也必须使各区域的色彩有明显的联系性。可用相同明度、彩度，不同色相相联系的色彩体系；或用色相差异较小的同类色和近似色来构成体系，最大限度地保持展示区域色彩体系的完整性。

（3）版面色彩设计的要点　版面上的色彩在一定程度上可以通过图片或文字的色彩来调剂，用图片或文字的色彩加强或减弱色彩的对比关系。如色彩对比强的版面，可以用黑白照片来调剂色彩的对比关系。

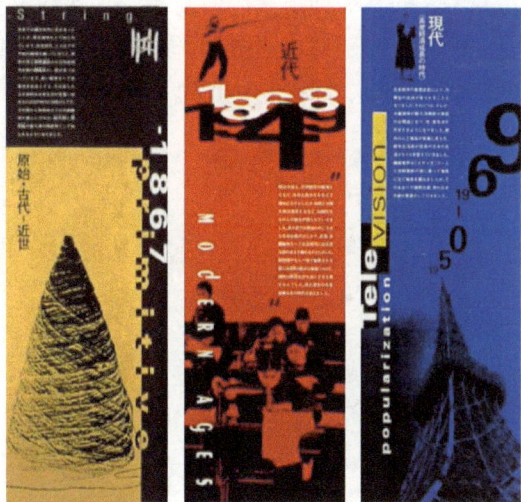

图 9-17　展示的版面

色彩设计要考虑到不同年龄层次、文化层次的观众不同的色彩偏爱，同时还要考虑到这些色彩互相配合所产生的对比效果。选择与展品及整体色系相协调的色彩是版面色彩设计的关键。

1）展示色彩的运用，首先要抓住大效果和远效果，以大效果为主，但对一些局部和微小的细节也不能忽视。

2）总色调要"整"，不能琐碎，以"统"为主，适当变化。变化要有系统、有规律，避免毫无意义的忽冷忽热的突变。

3）大关系的色彩要稳重、雅致，使人看到后心情幽逸舒畅。重点突出的主要部位色彩要醒目明朗，但不能无的放矢地任意发挥。

4）要通过色彩的设置，制造出与内容相吻合的独特风格和气氛，使人们在色彩图形的影响下，产生不同风貌和不同特色的感受。

5）运用色彩，首先要考虑展示的内容、性质和展品的特点，有时也要考虑不同地区、不同民族对色彩的喜爱及其风俗习惯。

6）色彩不但在内容上和所表现的主题有关，在形式上也应和构图紧密联系。色彩的明暗轻重，能直接影响展示总体上的构成效果。色彩运用得好，可以弥补构图中的不足，同样，色彩运用得差会破坏构图上的完美性。

7）色彩的气氛不是越鲜艳、越丰富越好，而是越含蓄、越能退居于陪衬烘托的地位越好。一般应从典雅中求丰富，以低纯度的色调占优势，然后再适当地以高纯度色彩来点出重点和中心内容。

8）在使用不同质感的材料方面，要注意不同质感和不同色彩的关系。如木材、金属、塑料、玻璃、纺织品和纸张等，都要仔细研究其色彩、个性、明暗、光泽度及与展品的配合效果，以及它对整体及某些局部的影响和作用。

2. 展示版面的形式美

展示陈列是一种视觉造型艺术，它必须以具体的视觉形式来体现，并力求给人视觉上的感受。因此，对于形式法则的了解和认识，可以帮助我们在展示形式构成中判断优劣、决定取舍、锤炼素材、深化表达理念并获得优秀的表现形式，如图9-18所示。

图9-18　展示版面的形式美

（1）比例　造型艺术上的比例指的是量之间的比率（如长度、面积和体积等），如一个正方形的比例为1∶1，即正方形的长和宽相等。展示中，不仅在各种版面的设计中存在着比例的问题，而且在展示的空间设计、展品的陈列等方面都存在着比例的问题。在展示设计中，可以采用"黄金分割"等传统的比例关系，也可以根据视觉艺术的规律来具体设计，采用各种不同的比例，以追求设计的新颖性和视觉上的新鲜感，如图9-19所示。

图9-19　展示空间中的比例

（2）对比与统一

1）对比。对比是视觉艺术中最重要的形式法则。所谓"对比"，是使性质相反的各种要素之间产生比较，从而达到视觉上最大的紧张感。这里所说的"具有相反性质的要素"，可以是物质的形态、大小，也可以是色彩或明暗，或物体的轻重质感，还可以是主体与背景等。在这种具有"相反性质的要素"的比较过程中，其属性相异的特点会因比较而更加明显，这种过程就是对比，如图9-20所示。

图9-20　展示设计中的对比运用

展示活动的本身即是各种要素对比的一种综合，有形状的对比、尺寸的对比、位置的对比、色彩的对比、方向的对比和纹理的对比等，它们具体体现在展品、展具、装饰物、标牌及背景等要素的组合关系中。同时，在设计过程中，有意识地强调某种对比，弱化另一些对比，使展示的视觉效果达到预定的设想，也是展示工作的实质。

2）统一。在视觉艺术的范畴中，统一意味着在矛盾和对比的视觉要素中寻求调和的因素，即对矛盾的弱化。因此，为了获得展示的整体效果。我们常用各种手法来获得统一的目的，如在总体设计中运用统一的色调、统一的形式、统一的版面设计以及统一的道具和材料等。在统一的整体效果上，可运用局部的对比来活跃气氛，营造生动的展示环境，如图9-21所示。

图9-21　展示设计中表现的统一

对比和统一是互为矛盾的设计法则，只有在这一对矛盾双方达到了平衡状态时，才能呈现出既生动活泼，又和谐协调的状况，不会使对比太强烈而失去舒适感。过分的调和则应注意微量的对比调节，使调和不至于太单板平庸。

（3）节奏和韵律

1）节奏。视觉节奏的含义是某种视觉元素的多次反复，如同样的色彩变化，同样的明暗对比多次反复出现。在现代设计中，常用反复、渐变等手法来营造节奏的变化。展示中的节奏主要是通过展品的形、色、肌理等的多次重复，或通过展品陈列中的虚实、疏密、松紧等因素连续而有规律的变化来体现的。展品的交替和有规律的变化能引导顾客的视觉活动方向，并能控制和激发视觉感受的规律变化，给人的心理造成一定的节奏感，如图9-22所示。

图9-22　展示设计中节奏的运用

2）韵律。韵律是有规律的抑扬变化，它是形式要素成系统重复的一种属性，其特点是使形式更具律动的美。在现代设计中，常运用重复或渐变的手法，使其产生一种韵律的感受。韵律的形式按其形态划分有静态的韵律，激动的韵律，雄壮的韵律，复杂的韵律；按构成来分，可以分为渐变的韵律，起伏的韵律，旋转的韵律等形式。这些富有表情的形式，对展示来讲是极为丰富和重要的手段，如图9-23所示。不过，采用何种形式，应根据具体商品和主题内容而定。视觉中的节奏感和韵律的营造是需要细微体验的过程，造型因素不同，

图9-23　展示设计中的韵律感

造就节奏韵律的过程就不同，其感受也不同。如空间的节奏和韵律的变化和体验，就完全不同于色彩的节奏和韵律变化和体验。前者的节奏是借空间体量的变化以及运动的过程形成的，而其韵律的形成又在于这种节奏和变化规律和体验者的运动速度的变化，后者则是由色彩的基本要素明度、对比度和色相三者之间的变化而形成的。要在展示设计中营造出节奏和韵律的感受，就需要设计者去体验在各种视觉因素中存在着的节奏和韵律变化的依据，然后用艺术手法加以强化和深入，以创造出一种如诗、如歌、如画的展示氛围。

（4）对称与均衡

1）对称。对称是指中心轴的两边或四周具有相同或相近的形象而形成的一种静止现象。这是一种古老而有力的构图形式。对称分为完全对称和近似对称。完全对称是指中心点的两侧和四周绝对相同或相等，无论怎样杂乱的商品，只要采用这种形式来处理，都会产生安稳和秩序井然的感觉；近似对称是指宏观上的对称，是一种在局部上有多样变化，在有序中求活，不变中求变的富有对称性质的形式。展示设计中的对称如图9-24所示。

图9-24　展示设计中的对称

利用对称来进行展示形式构图，会给人一种庄重、大方和肃穆的感觉。如果构图形式处理不当，也会出现呆板、单调的效果。为了避免这种倾向，在整个对称格局形成以后，可对局部的各种因素进行调整和转换。常见的手法有以下几种：

① 采用形状转换，使中心轴两边的形象转换成体量或姿态相同的其他形象。

② 采用方向反转，使轴线两边的形象颠倒一下正反或左右方向，产生一种动感。

③ 调整体量，使轴线两边的形象在画面上所占面积的大小或虚实有所差异。

④ 改变动态，使轴线两边的姿势动作产生微妙的变化。

当然，在进行形状、方向、体量、动态和位置的调整时，必须要维护全局的对称格式，生动和丰富感有所增加的同时不能使对称美不复存在。所以，把握调整的"度"十分重要。

2）均衡。均衡是指在展示空间范围内，使各形式要素保持一种视觉上的平衡关系。均衡可分为静态均衡和动态均衡。静态均衡指在相对静止条件下的平衡关系，即在中心轴左右形成对称的形态，两者保持绝对的均衡关系，给人一种严谨、理性和庄重的感觉；动态均衡指以不等质或不等量的形态求得非对称的平衡形式，也称不规则均衡或杠杆平衡原理。动态均衡具有一种变化的、不规则的特性，给人以灵活、轻快和活泼的感觉，如图9-25所示。

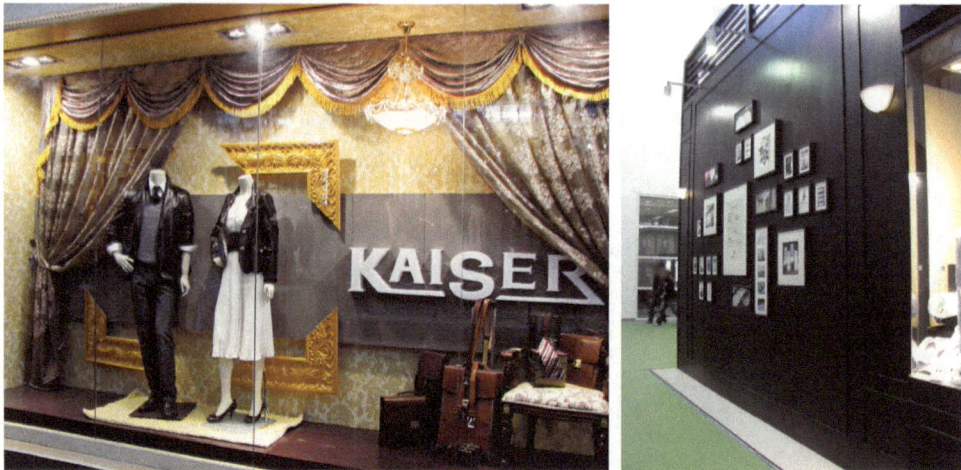

图 9-25　展示设计中的均衡

　　不论是静态均衡还是动态均衡，都是展示中大量运用的构图方法。对于静态均衡而言，陈列中只需将商品等物体以微妙的手法加以强调，给人一种安定、庄重的感觉，同时可避免单调呆板；而对于动态均衡来讲，如果陈列非常复杂，则应注意强调均衡中心，避免散漫和混乱。

9.2.3　展示道具的设计

1. 展示道具设计的原则

　　展示道具是展示活动的重要组成部分。展示道具及器材的优劣关系到展示效果的表现。随着展览会的成熟完善，展示道具和器材的多样化、标准化和国际化，展示道具在目前各种展示会上成为主要的展示标准，是进行展品陈列的物质和技术基础。展示道具一方面具有安置、维护、承托、吊挂、张贴等陈列展品所必备的形式功能，同时也是构成展示空间形象、创造独特视觉形式的最直接的界面实体。它的形态、色彩、肌理、材质、工艺以及结构方式，往往是决定整个展示风格和左右全局的至关重要的因素。因此，展示道具被许多国家列入工业产品的范畴加以制造，特别是在现代展示道具的形式、形态、材料、结构和加工技术等方面，投入了相当大的精力和财力，创造和生产了不少先进的展示道具。可以说，展示道具的先进与否，往往也反映了一个国家展示水平的高低。因而，展示道具的设计与开发，是展示业发展不容忽视的问题。

　　在展具的设计中，应注意以下几方面的原则：

　　1）展示道具的尺度应符合人体工程学的各项要求，结合陈列品的规格尺寸和陈列空间的大小进行综合考虑而确定。

　　2）展示道具要有利于展品的陈列和保护，使造型和组合形式能突出展品特性。

　　3）展示道具的结构要坚固、可靠，确保展品的安全性。

　　4）展示道具的造型、色彩、材质与肌理等方面，应以与展示环境的风格、展示性质和展品特点相一致为目标而进行定向、定位设计。展示道具造型应简洁，尽量不用复杂线脚、边饰和花饰等装饰，以便于制作与组装。色彩应淡雅单纯，表面肌理为亚光或无光效果，以防止眩光的产生。

5）除一些特殊的展示道具外，展示道具的制作应尽量实现标准化和系列化，并将标准化组合部件的规格和数量降低到最小值。展示道具应便于组合、互换性强、变化丰富、多功能、易保存、拆装便捷、易运输，既优美又耐久。

6）要注意展示道具结构的简单性和合理性，注重各类连接构件、连接材料的研究，并多用轻质材料制造，以使生产加工方便、操作容易、拆装便捷。

2. 展示道具分类设计

（1）展架　展架是用于支撑固定展板，拼连与组合展台、展柜等的骨架。展架也可直接作为构成摊位的隔断、顶棚及发挥其他功效，是现代展示活动中用途较广的道具之一，如图9-26所示。

图9-26　各类展架

由于展示活动日益频繁，为适应其发展需要，许多厂商研制和开发了各类拆装式和伸缩式的展架，充分应用轻质铝合金、钢与不锈钢、工程塑料、玻璃钢和特制纸材等新型材料，研制出各类具有质轻、强度大、装拆便捷的组合式道具及其他小型零配件。组合式展架的构成，一般采用标准化和系列化并具有一定模数关系的管材、型材与连接构件所组成的骨架体系，其设计科学合理、安全耐用、拆装方便。各项连接构件的公差配合精度高。组合式展架根据需要可任意镶嵌，加固展板、玻璃或裙板，组合构成展台、展柜、隔墙、屏风，并可外加工照明器具以及围护栏杆等。

1968年德国的汉斯·施得格发明了铝制新型展示道具。这种展示道具的横截面呈八角形，八面均有开槽的立杆，它可以用配套的螺栓从八个不同方向固定展品，这种系统能用于复杂的展架设计连接，并且操作简单，材料轻便，器材的规格品种标准化和规范化，一经问世在国际上就被广泛认可，称为奥克坦姆展具系统。

展架按其构成与组合方式可分为以下几种：

1）插接组合式展架。如图9-27所示，插接组合式展架是一种种类繁多的多插头的展架形式。最初为带孔的六面体和带孔的U字形构件，通过横、竖向管件的插接构成展架。此后发展为多向插头构件，通过插入管件再以螺栓加固而构成展架。后在此基础上对多向插头进行改良，插头改为带有一定锥度的销，可用螺栓将叉形插头撑开，也可用弹簧卡子连接锁紧而构成展架。

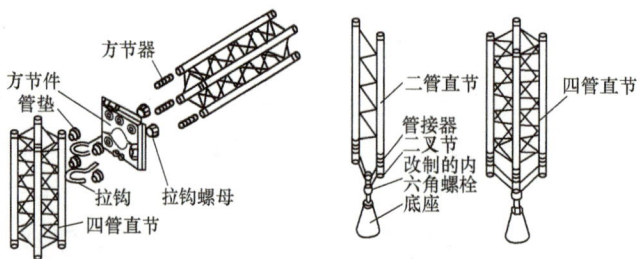

图 9-27　插接组合式展架

2）沟槽卡簧式展架。如图 9-28 所示，沟槽卡簧式展架的框架为有沟槽的异型合金或复合塑料管材制成。为适应多方需要，垂直框架设有多个沟槽。上下水平方向的框架多为两面开槽，用以夹装展板或玻璃，可构成展台、展柜和展架。若射灯与沟槽配套设计，可随意调节投光的位置、方向和角度。管架两端内设有卡簧，用六棱螺丝刀旋紧螺栓，使卡簧钩紧沟槽边沿而构成展架。

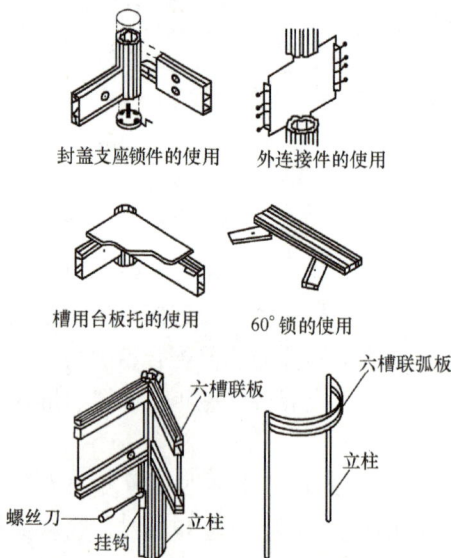

图 9-28　沟槽卡簧式展架

3）球形节点多向螺栓紧固式展架。如图 9-29 所示，球形节点多向螺栓紧固式展架最早是 20 世纪 70 年代德国研制生产的名为"MERO"系统的展架，其接头为 18 棱面带螺孔的球形结构，后又增至21个棱面。框架采用圆管造型，其两端配有可旋动的螺栓，可进行多种变化组合，可构成展柜、展台、展架、网架、格架、楣门框架和隔断等众多形式和用途的展示道具。

图9-29 球形节点多向螺栓紧固式展架

（2）展台 展台为陈列实物展品的道具，其作用是既可使展品与地面彼此隔离，衬托和保护展品，又可进行组合，起到丰富空间层次的作用。展台的种类按其用途可分为实用型和装饰型两类。根据其造型形式可分为台座类、积木类、套箱类、书写类和支架类等。若根据制作材料与工艺又可分为木制类、金属类、有机玻璃类和综合类等。各类展台如图9-30所示。

图9-30 各类展台

展台是承托展品实物、模型、沙盘和其他装饰物的重要展具。小型的展台类似积木（也称堆码台），多被制作成正方体、长方体、圆柱体等几何形体。其特点是灵活性、机动性强，通过多件积木在前后、左右、上下等不同位置上的配列和叠垒，可产生新的展台效果。各大型展台除了用小型积木组构或用组合式的展台构成之外，还可以根据具体的需要进行特殊设计。例如展示汽车等大型展品时，最佳的办法是采用旋转展台。观众只需站在一个固定的位置，通过旋转展台的转动，可以多方位地观看展品，取得多元的视觉效果。另外，如一些大型的国际服饰博览会，常常要在展区设置供时装表演用的展台，以通过人与展品的融合，最有效地展示服装。这样的大型展台设计，必须充分考虑展示场所空间的可容性，同时在搭建的材料、结构、工艺以及强度上，应确保表演者来回走动的安全需要。

（3）展柜 展柜是保护和突出重要展品的道具。展柜通常有边柜（靠墙陈设）、中心立柜（四面玻璃的中心柜）、桌柜（书桌式的平柜，上部附有水平或有坡度的玻璃罩）和布景箱等。现在常用的装配式高立柜和中心立柜，垂直与水平构件上有槽沟，可插玻璃；也有的用弹簧钢夹装玻璃。如果是放置在展厅中央的中心立柜，则四周都需要装玻璃，如果放置在墙边，一边可只装背板，不需安装玻璃，有的高立柜的顶部还可以装置照明灯泡，如图9-31所示。

图9-31　各类展柜

桌柜通常有平面柜和斜面柜两种，斜面又有单斜面和双斜面之分。单斜面桌柜通常靠墙放置，双斜面桌柜则放置在展厅中央。桌柜的通常高度是：平面柜的总高为 1050 ~ 1200mm，斜面柜总高为 1400mm 左右；柜长为 1200 ~ 1400mm，进深 700 ~ 900mm，柜内净高 200 ~ 400mm。

布景箱是只供一个方向观看，类似橱窗的龛橱式大展柜，内部可以设置各种场景，使展品呈现在一个"真实"的环境中，使展示更加生动。布景箱一般高度为 1800 ~ 2500mm，或更高；深度 900 ~ 1500mm，长度可根据实际需要确定。布景箱的背部和顶部两侧应设计成弧形，以造成空间深远的感觉。为保证布景的真实效果，大型布景箱的深度至少应为宽度的 1/2 以上，在照明的设计上也应有所侧重，以突出展品的效果。

（4）展板　展板在展示活动中运用范围较广，不仅可构成贴挂展品的展墙，也可同标准化的管架构成隔断、屏风以及围合空间界面。除一些特殊的展板外，大多数展板遵循标准化、规格化的原则，大小按照一定的模数关系裁切，不仅可以兼顾材料和纸张的尺寸，以降低成本，还方便布展、运输和储存，如图9-32所示。展板的常用尺寸中，兼做隔墙的展板尺寸一般宽度为 1500mm、1800mm、2000mm 或 2500mm，高度为 2200mm、2400mm、2600mm、3000mm 或 3200mm 不等。可固定在展架上的展板或吊挂式展板尺寸不宜过大，一般采用 900mm × 900mm、900mm × 1200mm、1200mm × 1200mm、900mm × 1800mm、1200mm × 1800mm 和 1200mm × 2400mm 等几种规格。

兼做隔墙的展板是采用体积小、结构简单的组合连接构件组成的连接结构。如多向连接式结构——适用于多向连接的夹片，采用螺栓进行紧固；两片瓦夹接式结构——采用两个夹片连接构件，两块相连展板的夹角在 90° ~ 180° 范围内可随意调节；合页卡子式结构——两个夹子用螺栓紧固，经组装后的展板可任意调整角度；八向卡盘式结构——采用金属或塑料制作的八向卡盘连接件进行连接，可使展板进行八方拼连或向上延展。

"回转器"式板面，为旋转式结构的展板，适用于小面积陈列空间使用。其下部为圆形

图 9-32 展示中的各类展板

底座，底座直径一般为300mm～900mm。中间为一圆柱，两端为带孔圆盘，以备装置小型展板。落地式的高度一般为800mm～1200mm，置于展台上的"回转器"座高一般为150mm。

9.2.4 展示空间设计的表现技法

展示设计表达是设计者将构思的设计意图、设计创意通过形象化和符号化的方式表现出来的，能让人明确感受到并能够以此为依据来进行施工、制作的一种视觉图式。任何奇妙的想法和创意构思，都必须以一定的视觉图式表现出来，设计构思只有通过特定的视觉表现形式将抽象概念变为可视的形象，其构思才能形成方案，经认可后，方能付诸实施。一切可以达到视觉传递功效的图形学和立体表现技术，诸如透视图、模型、制图、摄影录像等均成为视觉的表现媒介。

透视效果图分为手绘表现和电脑表现两种形式，手绘表现可采用水粉画法、水彩画法、钢笔墨水透明色画法、碳铅笔画法、彩色铅笔画法、麦克笔画法和彩色粉笔画法等不同的方式表现，其优点是生动、直接、艺术感染力强，缺点是一旦画成不易修改，并且耗费时间长；电脑表现多运用3DMax、CorelDraw 和 Photoshop 等软件来绘制，具有快捷、易于修改的优势，对于一些重复元素复制特别方便，表现的形象具有高度的真实感，可以达到以假乱真的表现效果，缺点是艺术感染力较弱，表现风格容易千篇一律，如图9-33 所示。

图 9-33 展示方案的不同表达方式

透视效果图的透视及表现方法一般有平行透视、成角透视、轴测投影和鸟瞰图等四种。

9.3　展示空间设计案例

图 9-34、图 9-35、图 9-36 是 STOAG 公司在会展中展示最新的发明的展示空间设计，STOAG 公司在绝缘体领域居领先地位，这个展会正值公司成立 50 周年，该设计体现了展示主题。

我们对展示媒介进行分析，发现信息传递是通过服务生的介绍、灯箱版面以及多媒体演示影像来完成的。

如平面图所示，我们对展区形式进行分析。这是一个较大的场地，占地面积约 600m²。主要功能空间以开放式交流活动区和专项演示交流区构成。利用空间限定中的围合和覆盖形式，限定出平面图上方的三个较私密的空间。左右两侧的空间由于两个立面开口，使围合的空间具有流动性，达到了既具一定私密性又开放沟通的空间形式。平面图下方两个 6m 高的半透明的

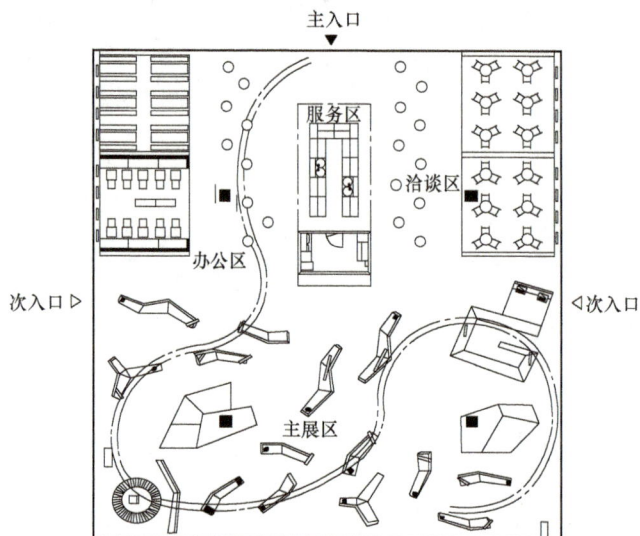

图 9-34　展示平面图

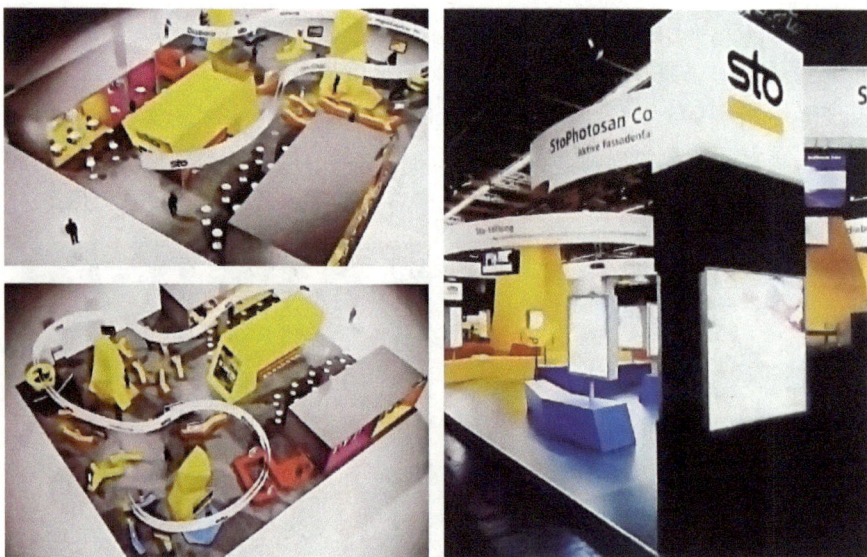

图 9-35　展示模型

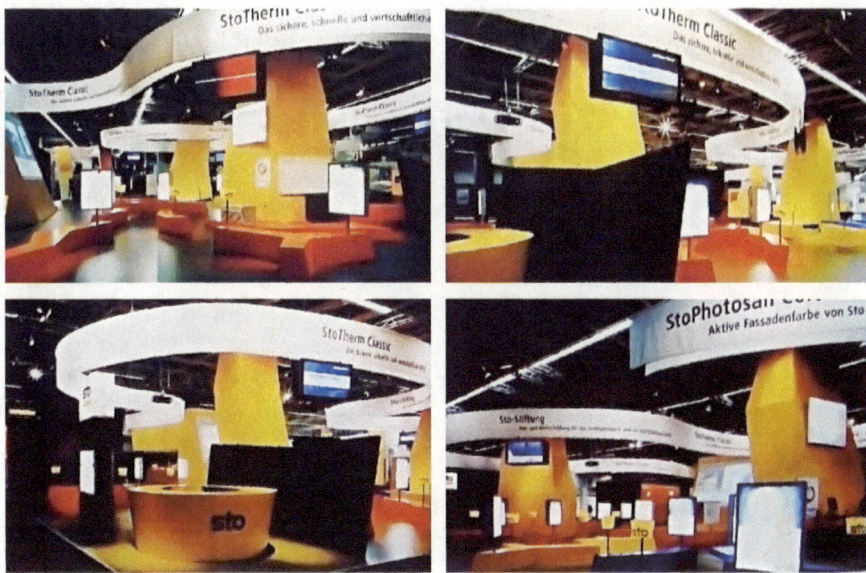

图 9-36　展示效果图

塔状标志性构筑物承担着地标的作用。拥有 STO 标志的黄色发光块体随着座椅道具分布在开放空间中随处可见，吸引着观众的眼球。围绕标志物，灵活自由地摆放着条状座椅，可供休息，令观众在 STO 展区感到很舒适。同时，利用三种不同色彩区分三个不同信息交流区，上空的耀眼横幅从展厅挂下，在展示空间上方勾勒出流动的线条，同时由于其高空的位置，横幅上的标语口号，将观众吸引到信息载体面前，起着沟通上下两个空间区域的作用。

经过多方面的分析，我们的总体评价是：企业形象突出，特别是环境中以企业色衬托，色彩跳跃而不杂乱；注重人与人交流空间的营造，整体环境舒适，体现了对人的关爱。

思 考 题

1. 展示设计的要素是什么？
2. 参观路线设计有些什么基本要求？
3. 展具设计的原则是什么？主要有哪几类？
4. 展示版式设计的原则是什么？

参 考 文 献

[1] 徐力. 展示工程设计 [M]. 上海：上海人民美术出版社，2006.

[2] 来增祥，等. 室内设计原理 [M]. 北京：建筑工业出版社，2006.

[3] 王亚明，等. 展示设计 [M]. 北京：水利水电出版社，2008.

[4] 朱曦，苗岭，周东梅，等. 展示空间设计 [M]. 上海：上海人民美术出版社，2006.

[5] 李远. 展示设计 [M]. 北京：中国电力出版社，2009.

[6] 室内人网站：www. snren. com.

第10章 餐饮空间设计

"民以食为天"，饮食是人类生存要解决的首要问题。在社会多元化渗透的今天，饮食的内容更加丰富，人们对就餐内容的选择也包含了对就餐环境的选择。餐饮是一种享受，一种体验，一种交流，所有这些都体现在就餐的环境中。因此，着意营造吻合人们观念变化所要求的就餐环境，是室内设计把握时代脉搏，餐饮营销取得成功的根基。

10.1 餐饮空间的功能及分类

10.1.1 餐饮空间的功能

餐饮空间是人们日常生活不可缺少的饮食消费场所，相对于其他的功能空间，餐饮空间是更能为人们营造出多样的风格特征的休闲场所。以往，人们认为餐饮店只不过是填饱肚子，满足生活需求的服务设施而已；而随着生活水平的提高，人们社交聚会的活动日益增多，许多休闲餐厅的就餐环境开始突出温馨和浪漫的情调，使客人流连忘返。随着经济水平的提高和消费观念的转变，越来越多的消费者已步入餐厅。人与人之间需要交流与沟通，即使在网络的时代，人们也需要一个像餐饮空间这样能提供给人面对面交流的社会舞台。特色餐饮空间已成为社会需求的重要组成部分。

10.1.2 餐饮空间的分类

餐饮空间的形式由于菜系的差别，烹饪方式、材料配料、上菜程序、服务方式和餐具样式等也会随之变化，餐饮室内设计形式与要求也会相应变化。餐饮空间设计基于现代人对餐饮空间的各种需求也因此分门别类，出现了不同的风格和档次。根据人们对餐饮空间的各种需求，餐饮空间设计可以分为以下几个类别：

1. 中餐厅

中国人比较重群体、重人情，常用圆桌团体吃饭，讲究热闹和气氛，如图10-1所示中餐厅环境陈设设计以中国传统风格为基调，结合中国传统建筑构件如斗拱、红漆柱、彩画等，经过提炼，塑造出庄严典雅的陈设效果，同时也通过摆放书法绘画器物等，呈现高雅脱俗的环境氛围，如图10-2所示。

图 10-1　中餐厅

图 10-2　传统风格的中餐厅陈设

2. 西餐厅

西方人注重个体和规则，吃饭常用长方形桌，就餐时更强调私密性和情调。西餐泛指根据西方国家饮食习惯烹制的菜肴。西餐分法式、俄式、美式、英式和意式等，除了烹饪方法有所不同外，还有服务方式的区别。法式菜是西餐中出类拔萃的菜式，法式服务特别追求高雅的形式，例如服务生、厨师的穿戴和服务动作等。此外，法国菜还特别注重在客人面前的表演，有一部分菜肴的制作需要在客人面前进行最后的烹调，其动作优雅、规范，给人以视觉上的享受，达到用视觉促进食欲的目的。因为操作表演需占用一定空间，所以法式餐厅中餐桌间距较大，以便于服务生服务，同时也提高了就餐的档次，如图 10-3 所示。豪华的西餐厅多采用法式设计风格，其特点是装潢华丽，注意餐具、灯光、陈设、音响等的配合，餐厅中注重氛围的宁静，突出高雅的情调。西餐厅色彩柔和，营造出舒适的氛围，陈设设计常采用西方传统建筑模式，并且常配置钢琴、烛台、秀丽的桌布和豪华餐具等，呈现出安静、舒适、幽雅、宁静的环境气氛，如图 10-4 所示。

图 10-3　法式餐厅

图 10-4　西餐厅

3. 自助式餐厅

自助餐是一种由宾客自行挑选、拿取或自烹自食的就餐形式。它的特点是客人可以自我服务，菜肴不用服务员传递和分配，饮料也是自斟自饮。自助餐的餐厅一般是在餐厅中间或一侧设置一个台面由木材或大理石制作的大餐台，周围布置若干餐桌，桌椅的设置上一般以普通坐席为主，根据需要也可考虑柜台式席位，如图 10-5 所示。

　　自助餐厅设计时应注意平面功能布局的合理性，应布置有专门存放盘碟等餐具的自助服务台区、熟食陈列区、半成品食物陈列区、甜点、水果和饮料陈列区，方便客人根据需要分类拿取，如图 10-6 所示。内部空间设计应开敞、明亮，多采用开敞和半开敞的分布格局进行就餐区域布置。餐厅通道比一般餐厅通道宽，便于顾客来回方便取食，避免发生碰撞，从而提高就餐速度。

图 10-5　自助式餐厅

图 10-6　自助服务台

4. 咖啡厅

　　咖啡厅主要是为客人提供咖啡、茶水和饮料的休闲交际场所，其空间处理应尽量使人感到亲切、放松。咖啡厅讲究轻松的气氛、洁净的环境，适合少数顾客会友、晤谈等。咖啡厅的平面布局比较简明，内部空间以通透为主，一般都设置成一个较大的空间，厅内的交通流线要求顺畅，座位布置比较灵活，有时可以各种高度的轻质隔断对空间进行二次划分，或对地面和顶棚进行高差变化，如图 10-7 所示。

　　咖啡厅源于西方饮食文化，因此在空间设计上多采用欧化风格。欧化风格在形式上的特征是突出情调和以顾客为中心，

图 10-7　咖啡厅

这种形式常在环境中心制造空地，使之成为整个空间的聚焦点，以开敞的多视角形式进行不同区域的划分。甚至有很多咖啡厅会在人流量大的街面上放置轻巧的桌椅，支出遮阳篷，如

图 10-8 所示。

5. 快餐店

快餐一词是外来语。20 世纪 80 年代在人们对时间的价值越来越重视的背景下，为迎合人们节约时间的需求，出现了快餐这一简约的供餐方式。快餐的显著特点体现在"快"上：它制作时间短、交易方便、吃法简单。由于目前生活节奏加快，许多人不愿意在饮食方面花太多的时间，而快餐店正好可以满足这部分人的需要。

快餐店突出体现一个"快"字，用餐者不会过多停留，更无心观看周围的景致，所以快餐店的室内设计方法也以粗线条、快节奏、明快的色彩和简洁的色块装饰为最佳。空间要求明快、简洁，可通过单纯的色彩对比，几何形体的空间塑造，丰富的整体环境层次设计等来取得快餐环境所应得的理想效果，使用餐的环境更加符合时尚的需求，如图 10-9 所示。

图 10-8　延伸至室外的咖啡厅

图 10-9　色彩明快的快餐店

6. 烧烤、火锅店

烧烤和火锅都是近年来逐渐风行全国的餐饮形式。烧烤和火锅的共同特点是在餐桌中间设置炉灶，烧烤是在灶上放置铁板或铁网，火锅则是在灶上放置汤锅。二者的共同之处是顾客可以围桌自炊自食，如图 10-10、图 10-11 所示。

烧烤、火锅店用的餐桌由于中间放置炉灶，设计要求用餐半径合理，因此多为四人桌或者六人桌。两人桌与四人桌相比，需用的设备完全相同，相比之下其使用效率就会降低。六人以上的烧烤桌，因半径太大也不宜采用，人多时只能再加炉灶。同时，受排烟管道等的限制，桌子多数是固定的，不能移动以进行拼接，所以设计时必须考虑好桌子的分布和大桌、小桌的设置比例。烧烤及火锅使用的餐桌桌面材料要耐热、阻燃、易于清洁。此外，烧烤、

图 10-10　烧烤店

火锅店在设计上需要特别注意排烟问题，应安排有排烟管道，每张桌子上方都应有吸风罩，保证烧烤时的油烟和火锅的蒸气不散播开来。

图 10-11　火锅店

10.2　餐饮空间的设计要点

1. 以地方特色为设计要点

突出地方特色，利用地方特有的风土人情、风光景象、建筑特色及民风民俗等作为设计元素，强化餐饮空间的独特氛围。对原籍是该地区的人来说，这种餐饮空间便成为他们的心灵归属之地，有特别的亲切感；对原籍不是该地区的人来说，能通过该餐饮空间了解该地区的风土人情，在品尝美味佳肴的过程中得到新的体验，满足好奇和参与等心理的需求。突出地方特色不仅能使餐饮空间更加独特而吸引顾客，一定程度上也起到了宣传该区域的文化和该地区形象的作用。同时，对餐饮业这个大市场来说，多元化的地方特色的设计才能体现行业的丰富多彩与欣欣向荣。

2. 以文化内涵为设计要点

餐饮空间不仅是一个利用空间和提供餐饮的场所，而且是一个在进餐过程中可以享受各种有形和无形的附加价值服务的饮食设施。要想使顾客获得身心放松，实现精神享受，就必须要用各种各样的历史文化、民族文化和乡土文化来营造氛围。能够形成特色的资源很广泛，可以从地域、民族、历史、民俗传统、文化和人物等多种渠道来挖掘，演绎出各种餐饮特色。餐饮文化可以从多角度和多视点挖掘不同文化、风格的内涵，寻求更多的设计灵感。

3. 以科技手段为设计要点

随着时代的发展，科学技术不断提高，现代材料与结构技术的发展使超大跨度建筑空间的实现成为可能。装饰材料与施工手段的日新月异，在餐饮空间的设计中运用也越来越广泛。尤其是现代科技手段中的声、光、电等，也都出现在现代餐饮空间设计中。与以往的装饰手法不同，高科技的装饰设计手段更有现代感，使餐厅环境和用餐过程变得更为新奇和刺激，满足新时代人们追求新、奇、特的欲望。

10.3　餐饮空间的设计程序

在设计过程中，餐饮空间的设计程序应予以高度重视。餐饮空间的设计程序包括以下几个阶段：

1. 方案调查与分析

这一阶段主要是接受委托设计任务书，和业主进行交流，了解业主的设计要求。同时还要对现场进行调查分析，收集必要的资料和信息，查阅相关的规范。

2. 项目设计阶段

方案设计阶段是在设计准备阶段的基础上，综合运用收集到的与设计任务有关的资料信息进行构思立意，进行初步的方案设计。这个过程也是一个循序渐进的过程，可归纳为提出概念——方案设计——扩大初步设计——施工图绘制。

3. 项目实施阶段

在这个阶段，大部分设计工作已经完成，施工已经开始，但是设计师仍需重视并解决现场问题。遇到图样与施工实际情况不一致的地方，应及时做出调整以保证施工质量。

4. 项目评估阶段

方案评估是工程交付使用一段合理的时间后，由用户配合，对工程通过问卷或口头表达等方式进行连续评估。其目的在于了解工程是否达到了预期的设计意图，以及用户对该工程的满意程度，是对工程的总结评价阶段。

总结上述设计程序，在进行餐饮空间设计时，关键要做好以下两个方面的工作：

1. 目标定位

在进行餐饮空间设计时，首先要端正自己的设计价值观，明确设计以人为中心。在餐厅、顾客和设计者之间的关系中，应以顾客为先，而不是设计者纯粹的"自我表现"。如餐厅的功能、性质、范围、档次、目标、原建筑环境、资金条件以及其他相关因素等，都是设计者必须要考虑的因素。设计创意需要灵感，但灵感不是凭空想象而来的，它需要有专业的基础知识和设计表达能力；需要长期的知识积累及对艺术设计敏锐和辛勤的探索；需要设计者广泛的其他学科理论知识作为补充；还需要对设计对象进行认真、细致的分析。目标定位准确，则餐饮空间的设计距离成功就相差不远，所以目标定位是起到决定作用的一步。

2. 设计切入

按照目标定位的要求，进行系统的、有目的的设计切入，从总体计划、构思、联想、决策到实施，充分发挥设计者的创造能力。从空间形象展开构思，确定空间的形状、大小、覆盖形式、组合方式与整体环境的关系；利用各种设计资源，从各个角度寻找构思灵感；利用各种技术手段完善设计构思。为了使目标定位更趋完美，设计切入更加准确，设计者在设计构思方案时必须要与餐厅业主、有关部门的管理人员和施工人员就功能、经济、形式、材料、使用和技术等问题进行讨论，征求意见，采纳他们合理的意见和建议，调整完善设计内容。如功能需求与实际空间的矛盾问题；各部门之间的协调问题；空间使用与发展机能问题；成本投入与经营回报问题；材料技术与设计效果问题等都需要设计者去分析处理。这些问题处理好后再进行综合统筹，将分析所得的设计方案作为创意方案蓝图，从构思方案转到各单元细部设计，然后绘制效果图，完成施工图，逐步深入。图样是设计师最好的表达语言，设计创意要通过图样表达出来。随着电脑技术在设计领域的全面应用，电脑辅助设计、三维效果图、CAD制图已成为今天设计师手中最有效的设计表达语言。任何一件设计作品都不可能一开始就是完美的，即使是非常成功的作品也需要经过不断调整、提高和完善的过程。初始的设计往往不能面面俱到，因此常会出现词不达意的现象，这就需要设计师到施工现场进行整体协调，在整体与局部以及内外之间的关系中做出切实的调整，使方案趋近完美。

10.4 餐饮空间的色彩与陈设

10.4.1 餐饮空间设计的色彩应用

1. 色彩的心理感受对餐饮空间色彩的影响

营造餐饮空间气氛的手段有很多，色彩是最直观和最具有心理影响力的要素。不同的色彩给人的心理感受不同，把握好色彩的运用可以很好地塑造出理想的空间。在餐饮空间设计中，可以运用色彩的冷暖来设定空间气氛。如酒吧的设计就可以大量运用暖色调色彩来烘托其热烈的气氛，如图10-12所示；而餐厅的色彩一般宜用干净、明快的色系，常采用偏暖黄色系为主调，以刺激人的食欲，如图10-13所示。但在一些特殊定位的餐厅里，如海鲜餐厅，也可采用以海洋色彩为主色调，突出其经营特色。冷饮店则常以蓝、蓝绿等冷色系为主调，使人在炎热的夏天里有凉爽的感觉。

图10-12　暖色调的酒吧

图10-13　偏暖黄色的餐厅

2. 餐饮空间色彩设计的基本原则

1）充分考虑不同餐饮空间的功能和性质要求。在进行色彩运用时，应考虑不同的餐饮空间功能方面的要求。不同的餐饮功能空间在色彩上的要求是不一样的，要根据具体内容来确定其色调。比如西餐厅常运用低明度的色彩和较暗的灯光装饰，体现温馨的情调和高雅的气氛，如图 10-14 所示；而快餐店可以运用纯度较高的鲜艳色彩获得一种轻松、活泼、自由和快捷的用餐气氛，如图 10-15 所示。

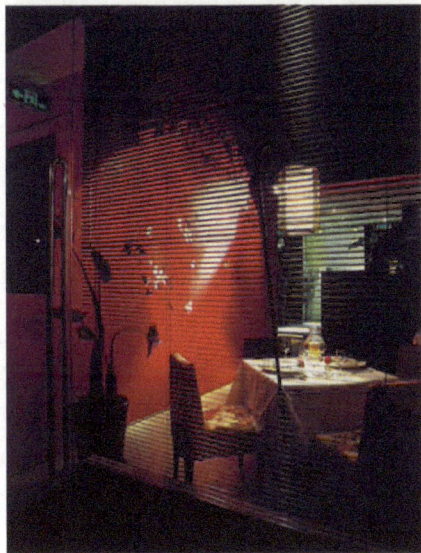

图 10-14　西餐厅

图 10-15　快餐店

2）利用色彩改善餐厅效果。餐饮空间的色彩关系一般根据"大调和、小对比"的基本原则进行设计，大的色块之间强调协调，小的色块之间进行对比，总体上强调对比与统一的感觉。大空间利用邻近色的对比，形成统一的风格，局部装饰用对比色形成兴奋热烈的气氛，如图 10-16 所示。

3）色彩的运用应符合人的审美需求。

4）注意不同民族、地域对色彩的审美差异，如图 10-17、图 10-18 所示。

图 10-16　餐厅的色彩关系

图 10-17　云南大理民俗餐厅

5）注意不同时期人们对色彩的喜好差异。色彩的协调性就如同音乐的节奏。在餐饮空间中，如何恰如其分地处理室内色彩的和谐与对比关系，是塑造餐饮空间色彩气氛的关键。

10.4.2 餐饮空间设计的装饰与陈设

陈设与装饰是餐饮空间设计的重要组成部分，也是对餐厅空间的艺术再创造。室内陈设是各种装饰要素的有机组合，可对整个餐厅风格起到画龙点睛的作用。从家具样式、艺术品的风格，到织物的纹样和色彩的呼应统一，都为空间组织及气氛创造起到有效的辅助作用。陈设在环境设计中的装饰称为二次装饰，它可以为餐饮空间锦上添花。空间陈设的种类很多，从功能上可以分为实用性陈设品和装饰性陈设品两大类。实用性陈设品是指以使用功能为主，并兼有观赏性的物品，如家具、灯具、屏风、窗帘等；装饰性陈设品指一般没有使用功能，仅以欣赏性为主的物品，如书画、雕塑、壁饰、花瓶等艺术品。

图 10-18　凸显欧陆浪漫情调的西餐厅

1. 餐厅家具的选择与布置

餐厅里的餐台、餐椅和沙发是餐饮空间的主要家具，其数量多、面积大，在餐厅中占用了大部分营业面积，并且与人的接触最为密切。桌椅是可以让顾客舒适进餐的设备，首先要研究是否便于顾客使用，大小和形状是否妥当。餐桌的大小会影响到餐厅的容量，也会影响餐具的摆设，所以在决定桌子的大小时，除了符合餐厅面积并能最有效使用的尺寸外，也应考虑到顾客的舒适以及服务人员工作方便与否。

餐厅中的家具除了具有一定的使用功能外，还具有分隔空间、组织空间、装饰空间等方面的作用。

（1）分隔空间　利用家具来灵活分隔就餐空间，可以充分提高空间的利用率，使空间隔而不断，并能保持空间原有的通透性与整体性，如图 10-19 所示。

（2）组织空间　利用家具的摆放将空间划分成不同的功能活动区，规定人们的活动范围和路线，如图 10-20 所示。

（3）装饰空间　独特的家具造型及与室内空间协调的颜色和材质，能很好地突显室内环境的艺术氛围，营造美感，如图 10-21 所示。

图 10-19　利用家具分割空间

图 10-20　利用家具组织空间

图 10-21　造型独特的椅子

2. 艺术品的摆设

餐饮空间中陈设的选择应对室内空间的形象塑造、气氛渲染、风格展现等起到良好的烘托作用，并能表达一定的文化内涵和思想。不管是选用哪种陈设，都要考虑其造型、风格、尺度、色彩和材质等方面是否与空间环境相适应。在民族特色菜的餐馆可以摆设一些民间工艺品，如刺绣、织花、编艺、蜡染、剪纸及风筝等，显示独特的民俗风味，如图 10-22 所示；现代风格的餐厅，则可摆设一些简洁、抽象、工业感较强或现代风格的装饰艺术品，如图 10-23 所示。

图 10-22　民俗风味的摆设

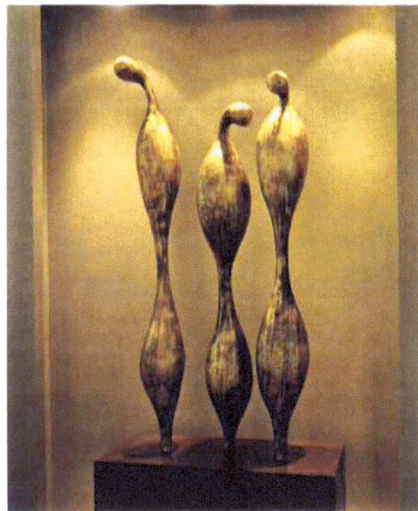

图 10-23　简洁抽象的装饰品

10.4.3　餐饮空间中的绿化设计

当今社会，人们崇尚回归自然，因此，利用绿色植物进行装饰成了室内环境设计的重要手段。各种绿色植物生动的形态及独有的质感和颜色，能加强室内空间的艺术感染力，使人得到美的享受，详见第 6 章。

在餐厅设计时，采用不同的绿化设计可以衬托出不同的餐饮气氛。设计中可以利用植物特有的曲线、多姿的形态、柔软的质感、悦目的色彩和生动的影子，改善大空间空旷、生硬的感觉，使人感到尺度宜人舒适。特别是对于餐厅结构不好处理的死角，可以利用绿化设计进行装饰和遮挡，以达到完善和美化空间的作用，如图 10-24 所示。

图 10-24　餐饮空间中的绿化

10.4.4　灯饰的配置

灯光是餐饮空间构成的重要因素之一。灯光与顾客的味觉和心理有着潜移默化的联系，与餐饮企业的经营定位也息息相关。作为一种物质语言，要正确处理明与暗、光与影、实与虚等关系。餐饮空间的照明设计首先应满足不同空间的使用功能要求，灯具的选择、照明方式的选择、照度的高低、光色的变化都应与使用要求相一致，并满足室内空间功能的需要，详见第 5 章。

餐饮空间的照明设计要以创造出良好的光照环境和独特的艺术氛围为原则。无论是灯具的装饰效果还是光源的选择，都应该与餐厅的主题风格相一致，分出主次轻重。例如咖啡厅的灯光设计应体现温馨浪漫的情调，室内整体照明不宜太亮，顶棚一般不设大面积采光，而宜用低照度的点光源和局部漫射光源；除吧台区域灯光较亮外，其他光线应较弱，可根据需要利用设置艺术地灯、台灯和壁灯等低照度光源形式进行餐饮氛围的塑造，创造温馨浪漫的氛围。西餐厅的灯光设计强调高雅和安宁，光线的设计不同于中餐厅的"灯火辉煌"，而是以柔美为主。主光灯常选用古典造型的水晶灯、烛灯、铸铁灯和现代风格的各种金属装饰磨砂灯，壁灯则多选用与吊灯风格一致的装饰灯来烘托气氛，如图 10-25 所示。酒吧的照明强度要适中，酒吧后面的工作区和陈列部分则要求有较高的局部照明，以吸引人们的注意力并便于操作；酒吧台下可设灯槽，照亮周围地面，给人以安定感；而室内环境光线相对要暗些，这样可以利用照明形成趣味，以创造不同个性。

一般来说，餐饮空间的灯具选择主要应考虑以下三个方面：

1）灯具的大小符合空间体量。

2）造型与风格符合环境要求，并与环境协调一致　如图 10-26 所示，绿色的吊灯是该餐厅的特色，它的灯光颜色与深沉的店面颜色形成视觉上的冲突，同时也成为视觉上的一大亮点。特别是它的造型，隐含现代时尚风格，让整个餐厅静中有动，颇显大气。

3）材质、色彩与环境氛围相协调。

图 10-25　西餐厅灯光

图 10-26　日式餐厅照明

10.5　餐饮空间设计案例

本章对餐饮空间的分类以及各类别空间的功能要求和设计要点进行了探讨。下面将集中使用这些知识，对海南大椰丰饭食府进行分析。

设计师创造了一处热带风情与民族风情交织融合，有着海鲜与椰子的清香，还有海南最具特色的美食与经典的海南文化情调的天地。设计师一反通常大厅大气派的做法，将其设计得错落参差，营造处处有景的氛围。陈设也是就地取材，利用海南独有的植物瓜果、藤萝竹篓，营造出优美的环境氛围。餐厅利用不同的顶棚布局与地面不同的装饰材料，将大厅分割成不同就餐区域；利用家具与绿色植物，将卡座的设置与排桌式的大厅座位进行有效隔断，创造动中有静的幽雅气氛，如图 10-27 所示。

作为餐厅中专供部分顾客使用的空间，贵宾室的设计在一定程度上突破了整体空间风格。在本餐厅中，贵宾室在空间色彩配置上与外部大空间有一定的区别，采用了深棕色表现木材的原始质感，也显示出了古典优雅的格调。在家具布置方面，除了布置供就餐使用的餐桌和座椅以外，还在空间的一侧布置了电视，使顾客在用餐的同时可以欣赏电视节目；在照明方面，布置了间接照明和半间接照明方式相结合的顶灯，以减少眩光，如图 10-28 所示。

图 10-27 餐厅的入口处

图 10-28 贵宾室

酒水展台是餐厅中重要的组成部分，且设计风格要与餐厅风格相统一和协调。在布局方面，展台被布置在就餐空间的边缘位置，这样可以在不影响顾客就餐的同时，拉近顾客与酒水的距离，使顾客在就餐中可方便地购买酒水；在色彩配置方面，展台采用深棕色调，与临近的就餐区色彩统一，如图 10-29 所示。

楼中有楼，厅中有厅，园中有园，这是设计师情景式设计构想的一部分。厅中厅的灯具风格和颜色与环境协调一致，灯光映射到顶棚上的光影极大地丰富了室内空间效果，如图 10-30 所示。

图 10-29 酒水展台

图 10-30 厅中有厅的布局

思 考 题

1. 餐饮空间设计可以分为哪几个类别？
2. 餐饮空间的设计要点有哪些？
3. 餐饮空间的照明设计应注意什么？
4. 结合实例谈谈餐饮空间中的装饰陈设的作用。
5. 餐饮空间的设计程序包括哪些？

参 考 文 献

［1］张绮曼，郑曙旸. 室内设计资料集［M］. 北京：中国建筑工业出版社，1991.

［2］邱晓葵，吕非，崔冬晖. 室内项目设计：下册［M］. 北京：中国建筑工业出版社，2006.

［3］汤重熹. 室内设计：第 2 版［M］. 北京：高等教育出版社. 2008.

［4］许亮，董万里. 室内环境设计［M］. 重庆：重庆大学出版社，2003.

［5］郭立群. 商业空间设计［M］. 武汉：华中科技大学出版社，2008.

［6］莫钧，杨清平. 公共空间设计［M］. 长沙. 湖南大学出版社. 2009.

第 11 章　办公空间设计

办公室不仅仅是为人们提供工作的场所，也成为人们交流信息、扩大交往的社交场所。所以办公环境的设计要以人为本，讲究环境气氛的舒适、自然，这样的办公环境对提高工作效率有着直接且十分重要的作用。同时，办公环境是企业或机构宣传其企业文化或机构形象的主要窗口，因此，办公环境的整体装饰要符合行业从业人员的整体审美情趣，在遵从约定俗成的行业形象基础上进行富于个性的设计和变化，使之成为创造财富与价值的工作空间。

11.1　办公空间的功能及分类

办公机构是人类社会生活发展到一定程度的产物，是为人们提供商业性或社会性服务的机构。相对于购物、餐饮、娱乐、医疗、住宅等人类活动所使用的其他功能性空间，办公空间为人们提供了行政管理以及专业信息咨询等事务处理的室内场所，因而其环境的规划与设计相对较为理性，讲求事务处理的系统性与效率。

总体而言，办公空间的规划与设计在空间分配、材料使用、灯光布置、色彩选择和用品配置等各个方面均要满足工作性质的机构业务处理的系统性与效率要求，同时也要符合人类正常的行为习惯，从而创造一个理性、高效、舒适且富于情趣的工作环境。

11.1.1　办公空间的功能

任何一间办公机构的设立均是社会需求的结果。人类通过各种交换形式获取自身在物质以及精神方面的需求，同时相对平等地满足他人的要求。办公机构的设立就是为社会整体交换提供了一个信息供求与管理的操作平台，使交换更加公平、快速，从而创造出更多的商业与社会价值。因此，办公空间的本质就是为人们提供一个通过劳动进行信息处理和交换，从而创造价值的群体工作场所。一般办公空间都具有以下功能：

1. 信息交流的场所

随着社会的不断发展，现代办公机构的性能已经从传统意义上的信息处理、储存空间转化成为更加注重信息的交换、分享的场所。在现代社会中，工作不仅是人们创造财富的手段，也成为人们更新知识、与他人交流的媒介。科学技术的发展为办公机构提供了更快捷、更简便的信息处理与交换工具，为信息的搜集与分享提供了更多的选择渠道。但与此同时，机构内部的重要情报也更容易被外界或竞争者获取。因此，现代办公空间的规划与设计要注重对内、对外不同程度的私密性与开放性的结合。既要保证消息对外的有效传递，又要防止机密情报外泄，同时还要保持内部知识的自由交流与分享。

2. 群体工作的场所

当今社会，发达的信息交流系统和信息处理工具为室内环境下的事务处理提供了更为独立的可能性。但与此同时，社会财富与价值的创造已经不是个人劳动所能够完成的工作，详尽的社会分工使得个体劳动更加需要通过团队性的整合才能显现其意义。各种行业和部门的从业人员只有分工合作、统一管理，才能将社会信息进行相对完整而有价值的集中、分析与交流。因而，现代办公机构的工作是团队性的，办公空间也是群体性价值创造的场所。

3. 能动的空间

室内环境下的办公工作以高效率地提供服务和创造价值为主要目的，其空间规划与设计也应从如何快速地传递信息、完成专业咨询服务出发。现代办公环境注重的是工作质量，尤其是在某些专业咨询性服务机构或者以创意为主要业务的信息提供机构中，人们的工作状态更倾向于员工之间的动态交往，办公环境的规划也不再固定于同一种模式之下。人们的工作地点可随着团队化与更具个性的工作方式之间的不断转换而流动于办公室内外空间的各个角落，同时，先进的高科技办公系统使得流动的员工可以随时随地得到相应的技术支持与管理上的服务。

11.1.2　办公空间的分类

研究认为，为了提高工作效率，必须遵循两项基本原则。第一是工作流程原则，即工作场所布局和工作岗位之间的距离必须满足流程要求；第二是舒适和安全原则，即物质环境应有适当的采光和通风，并应尽量减少噪声和烟尘。当今日益发展的科技水平和人们不断求新的开拓意识，使得人们的工作方式和工作环境有了很大的改变，对工作方式和工作环境的需要提出了新的要求，因此孕育出了多种类型的办公空间。

室内办公空间有几种常见的空间类型，如开敞办公空间、封闭办公空间、静态办公空间、动态办公空间及流动办公空间等。

1. 开敞办公空间

空间开敞的程度取决于其侧界面及其围合的程度，开洞的大小以及启闭的控制能力等。空间的封闭或开敞会在很大程度上影响人的精神状态。开敞空间是外向性的，限定性和私密性较小，强调与周围环境的交流和渗透，讲究对景、借景及与大自然或周围空间的融合。开敞空间和同样面积的封闭空间相比，显得大而宽阔，给人的心理感受是开朗、活跃、接纳和包容。

开敞办公空间常常作为室外空间与室内空间的过渡空间，有一定的流动性和很高的趣味性，这也是人的开放心理在室内环境中的反馈和显现。开敞式办公空间有利于办公人员和办公团队之间的联系，提高了办公设施和设备的利用率。相对于间隔式的小单间办公室而言，大空间办公室减少了公共交通和结构面积，缩小了人均办公面积，从而提高了办公建筑主要功能面积的使用率。

开敞办公空间可分为两类，一类是外开敞式办公空间，另一类是内开敞式办公空间。外开敞式办公空间的特点是空间的侧界面有一面或几面与外部空间相互渗透，如顶部通过玻璃覆盖可以形成外开敞式的效果，如图11-1所示；内开敞式办公空间的特点是在空间内部形成庭院，使内庭院的空间与四周的空间相互渗透，墙面处理成透明的玻璃窗，将内庭院中的景致引入到室内的视觉范围，使内外空间有机地联系在一起。也可以把玻璃都去掉，使内外空间融为一体，与内庭院的空间上下通透，内外的绿化环境相互呼应，颇具自然气息，如图11-2所示。

图11-1 外开敞式办公空间

图11-2 内开敞式办公空间

2. 封闭办公空间

封闭办公空间也可称为密室型办公空间，适合属性高度自主，而且不需要和同事进行太多互动的工作。例如大部分的会计师、律师等专业人士使用的办公室，如图11-3所示。

封闭办公空间是用限定性比较高的实体界面包围起来的办公空间，在视觉、听觉等方面都有很强的隔离性，具有很强的区域感、安全感和私密性。封闭办公空间与周围环境不存在流动性及渗透性。随着围护实体界面限定性的降低，封闭性也会相应减弱。为了打破封闭空间的沉闷感，

图11-3 封闭式办公空间

设计中常采用镜面、人造景窗及灯光造型等来进行处理，在心理感受上扩大办公空间，增加办公空间的层次。

3. 动态办公空间

动态办公空间引导人们从"动"的角度观察周围事物，把人们带到一个由三维空间和时间相结合的"四维空间"。动态办公空间一般分为两种，一种是由动态设计要素所构成的办公空间，另一种是建筑本身的空间序列使人在空间的流动及空间形象变化中有不同感受的空间，这种随着人的运动而改变的空间称为主观动态空间。流动空间、共享空间、交错空间及不定空间等，基本上都可以说是动态空间的某种具体体现，如图11-4所示。

4. 静态办公空间

在创造动态办公空间的同时，不能排除人们对静态办公空间的需要。基于动静结合的生理规律和活动规律，不能无休止地保持高度亢奋状态。"动"与"静"是相辅相成的，没有"静"也就无所谓"动"。动态办公空间是相对于静态办公空间而言的，这也是为了满足人们心理上对"动"与"静"交替的追求，如图11-5所示。

图11-4 动态办公空间

图11-5 静态办公空间

静态办公空间有如下特征：

1）空间的限定性较强，与周围环境的联系较少，趋于封闭办公空间。

2）多为对称空间，可左右对称，也可四面对称。很少有其他的空间形式，从而达到一种静态的平衡。

3）多为尽端空间，空间序列到此结束，这类位置的空间私密性较强。

4）空间及陈设的比例、尺度相对均衡、协调，无大起大落之感。

5）空间的色调淡雅、和谐，光线柔和，装饰简洁。

6）在空间中，视觉转移相对平和，没有强制性的、过分刺激的引导视线的因素存在，给人以恬静、稳重之感。

5. 流动办公空间

流动办公空间实际上是由若干个静态办公空间或若干个动态办公空间，抑或若干个动态、静态办公空间组合而成的，各办公空间是连贯、流动的，人们随着视点的移动可以得到不断变化的空间感受，这就是流动办公空间。它是一种把空间中消极、静止的因素隐藏起来，尽量避免孤立、静止的体量组合，追求连续、运动的办公空间形式。

流动办公空间的水平和垂直方向都采用象征性的分隔，保持了最大限度的交融和连续，视线通透，交通无阻隔或极少阻隔，从而大大丰富了办公空间的变化和层次，如图 11-6 所示。

流动办公空间以开放的平面为基础，具有灵活的平面划分，空间产生了有机的流动。流动办公空间作为现代建筑空间的一种类型，不仅要具有现代建筑中的功能主义因素，还要从具体的使用要求出发。流动办公空间体现了空间的连续性和灵活多变的平面变化，充满着动感、方位的诱导性、透视感、生动和明朗的创

图 11-6　流动办公空间

造性。其目的不在于追求炫目的视觉效果，而是表现人们的活动本身；它不仅仅是一种时尚，而且是寻求创造一种不但本身美观，而且能表现身居其中的人们的有机活动方式的空间。

11.2　办公空间的设计程序

11.2.1　设计前期的调研工作

1. 现场调研与图样分析

在进行办公空间设计前，不要急于对照建筑图画设计草图，因为在施工的过程中，因种种原因而修改原图是在所难免的。所以接到任务书后，设计者应该结合图样对设计项目的现场空间情况进行勘探和测量，仔细考察建筑的结构，考虑将来装修结构的固定和连接方式。根据外部环境安排空间功能，以便使某些办公室（如接待室、会议室等）有较好的朝向和景观，对一些不适于较强光照的设备和空间（如电脑房、影视房等）则应安排在光照较弱的朝向。

2. 设计前提的落实

在考察现场之后，还不能急于动手画设计方案。设计者还应该做好以下准备工作，以求在设计时能达到更好的效果。

1）深入了解企业类型和企业文化。只有充分了解企业类型和企业文化，才能设计出反映该企业风格与特征的办公空间，使设计具有个性与生命。

2）了解企业内部机构设置及其之间的相互联系。只有了解企业内部机构，才能确定各部门所需面积设置和规划好人流线路。事先了解公司的扩充性也相当重要，这样可使企业在

迅速发展过程中不必经常变动办公室流线。

3）设计现代办公室，电脑不可或缺。较大型的办公室经常使用网络系统，因此，必须合理规划通信，电脑及电源、开关和插座，同时也应注意其整体性和实用性。

4）设计时应注意办公空间的舒适标准。办公空间设计应尽量运用简洁的建筑手法，避免采用复杂的造型，繁琐的细部装饰和过多过浓的色彩点缀。在规划灯光、空调和选择办公家具时，应充分考虑其适用性和舒适性。

5）在设计中应融入环保观念。

11.2.2　办公空间的设计

1. 办公空间的平面布局

办公空间的平面设计有三个作用：一是在平面上对各功能使用空间进行合理分配；二是对分配好的空间进行平面形式的设计；三是设定地面材料和进行必要的装饰设计。

（1）办公空间的平面设计　总体来说，需要将办公空间的平面布局统筹划分，掌握工作流程关系以及功能空间的需求，并确定出入口和主通道的大致位置和关系，以便于安全疏散和通行，如图 11-7 所示。

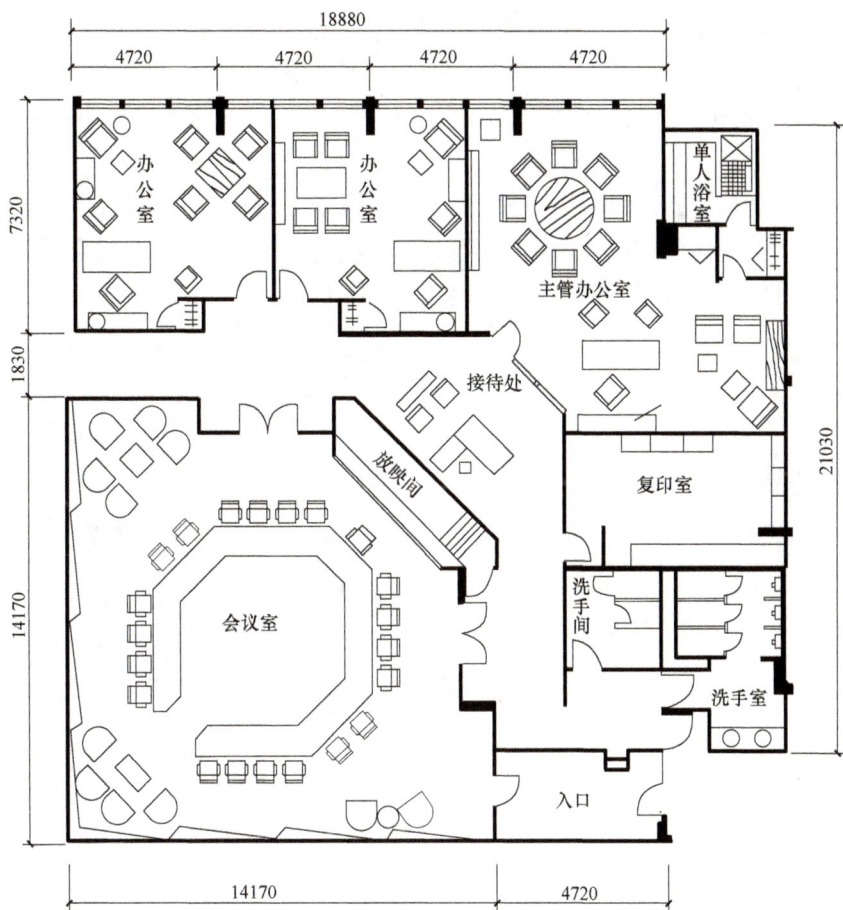

图 11-7　办公空间的平面布局

平面布局应把使用功能放在第一位。除因建筑平面形状原因外，常见办公室大多是"路直室方"的，既节省空间又使用方便。有时因场地形状或设计特色所需，可进行一些新颖的设计，如S形或弧形的通道，圆形、椭圆形或扇形的室内平面等。但这样设计不能以牺牲使用功能为代价，同时要充分考虑立面、顶棚和其他造型施工工艺的可能性以及造价因素。家具通常也是按水平垂直方式布置，因为这样更节省使用面积，也便于使用。面积较充裕时，也可以把家具斜向排列，以此来活跃空间和增加新鲜感，但一定要注意通行的方便性及与整体环境的协调。其实，"路直室方"的平面，"水平垂直"的家具布置通过对一些局部的修整，如把拐角进行小弧形或切角处理，在过长的通道或过于方正的空间中增加造型等，也能创造出柔和与亲切感。总之，好的办公空间的平面应该布局合理，使用方便，美观大方而又具有特色。

（2）功能区域的安排　功能区域的安排，首先要方便工作和使用。其次，每个工作程序还须有相关的功能区辅助和支持，如接待和洽谈，需要使用样品展示和资料介绍的空间；工作和审阅部门，需要电脑和有关设施辅助。这些辅助部门应根据工作性质，进行功能区域的划分。在分配功能区域时，除了要给予各区域足够的空间外，还要考虑其位置的合理性，如餐饮和卫生区域的设置。以下为办公空间主要的功能区：

1）门厅。门厅处于整个办公空间最重要的位置，是给客人第一印象的地方，需要重点设计，精心装修，认真统筹。门厅面积要适度，在门厅范围内，可根据需要设置接待秘书台和等待的休息区。面积允许且较为豪华的门厅，还可安排一定的园林绿化小景和装饰品陈列区，如图11-8所示。

2）接待室。接待室是进行洽谈和客人等待的地方，往往也是展示产品和宣传企业形象的场所。接待室的装修应有特色，面积不宜过大。家具可选用沙发茶几组合，分布要合理；要预留陈列柜及摆设镜框和宣传品的位置，如图11-9所示。

图11-8　门厅

图11-9　接待室

3）工作室　工作室即员工办公室，根据工作需要和部门人数并参考建筑结构设定其面积与位置。设计时应首先平衡室与室之间的大关系，然后再做室内安排。布置时应注意不同性质的工作的使用要求；注意人和家具、设备、空间及通道之间的关系。一般来讲，办公桌多为横竖向摆设，若有较大的办公空间，整齐的斜向排列也颇有新意，但一定要使用方便、合理、安全，还要注意与整体风格协调，如图 11-10 所示。

4）经理办公室。经理办公室是经理处理日常事务、会见下属、接待来宾和交流的重要场所，应布置在办公环境中相对私密、少受干扰的尽端位置或单独封闭的空间。家具一般可配置专用经理办公桌、人体工程学座椅、信息设备、书柜、资料柜、接待椅或沙发等必备设施。条件优良的经理办公室还可配置卫生间、午休间等辅助用房，如图 11-11 所示。

图 11-10　工作室

图 11-11　经理办公室

5）会议室。会议室是办公功能环境的组成部分，兼有接待、交流、洽谈及会务的用途。会议室的面积大小取决于使用需要，可根据已有空间的大小、尺度关系和使用容量等来确定。如果使用人数在 20～30 人内的，可用圆形或椭圆形的会议台；如果人数较多，则应考虑用独立两人桌，方便多种排列和组合使用，如图 11-12 所示。

会议室的空间设计，布局上应有主位、次位之分，常采用企业形象墙或重点装饰来体现座次的排列。会议室空间设计的整体构想应主要体现企业的文化层次和精神理念，空间塑造上以追求亲切、明快、自然和和谐的心理感受为重点。

6）设备与资料室。设备与资料室是办公空间中使用相对比较频繁的地方，员工查找资料文件都在这里进行。所以设备与资料室设计除应考虑面积和位置的使用方便外，还应考虑保安和保养维护的要求。在家具的选择上，应发挥其最大的使用性能，如图 11-13 所示。

图 11-12　会议室

图 11-13　资料室

7）通道。通道是企业形象的重要体现部分，不可少也不宜多。在平面设计时，应尽量减少或缩短通道的长度，节省面积和造价，提高工作效率；但通道的宽度要足够，既便于行走，也是安全的需要，如主通道宽应在 1800mm 以上，次通道也不能窄于 1200mm，如图 11-14 所示。

2. 办公空间的顶棚设计

办公空间的平立面往往都满布设备和家具，简洁的顶棚既有利于对比，也可以减少环境的

图 11-14　通道

凌乱。在办公空间的设计中一般追求明亮感和秩序感，而顶棚往往是使用者视觉停留和放松的地方之一。为此，办公室顶棚设计有如下几点要求：

1）顶棚布光要求照度高，多数情况使用日光灯，局部配合使用筒灯。在设计中往往使用散点式、光带式和光棚式方式来布置灯光。

2）顶棚需考虑通风与恒温。

3）设计顶棚时需考虑维修的方便性。

4）顶棚造型不宜复杂，除经理室、会议室和接待室之外，多数情况可采用平面吊顶，如图 11-15 所示。如果办公室内是平面吊顶，在门厅、会议室和通道则最好设置别致的造型顶棚，作为一种装饰的补偿。这样，既可避免整个环境顶棚过于单调，也有助于提高装饰的档次和塑造企业的独特形象，如图 11-16 所示。

图 11-15　简单的平面顶棚

图 11-16　会议室的顶棚

5）办公空间顶棚材料多选用轻钢龙骨石膏板、铝龙骨矿棉板和轻钢龙骨铝扣板等，这些材料防火阻燃，而且有便于平面造型的特点。

3. 办公空间的立面设计

立面是办公工作使用的主要空间，也是办公空间中视觉上最突出的位置，往往也是装修投资最大的部分，所以办公空间的立面内容与形式要新颖大方，并有独特的形象。立面设计的好坏，对办公空间的装修设计有决定性的影响。立面设计的内容和形式主要表现在门、窗、墙面和柜子，以下即从这几方面进行探讨。

（1）门的设计　门是建筑开合活动部分的间隔，具有防盗、遮挡、隔离和开关空间的作用。办公空间的门与住宅的门并不完全相同，除防盗性要求比较高以外，还是企业形象的

主体。因为可通过保安值班或电子监视保证安全性，所以可使用通透堂皇的大门。一般办公室大门（除了个别特殊行业外），大都采用落地玻璃或有通透玻璃窗的大门，其用意是让路人看到里面的装潢和企业形象，起到了广告的作用。如希望加强防盗性，可在外面加装金属防盗门。外加的防盗门，目前使用较多的是不锈钢通花卷闸门。这种通花卷闸白天可卷起隐藏在门檐上面，下班后拉下来后行人仍可以透过通花看到里面的大堂和企业名称，如图11-17、图11-18所示。也可以用全密封式的卷闸门，优点是封闭性更好，用户心理上感觉更安全，缺点是形象档次不高。

图11-17　通花卷闸门

图11-18　通透的玻璃门

除大门外，室内间隔的门也是设计重点考虑的对象。现代办公空间通常用窗与玻璃进行间隔较多，剩余墙面多为文件柜所占据，且功能性强，不宜过多装饰。所以，设计新颖、做工精细的门在整体环境中，能起到很好的装饰作用。室内房门可根据普通办公室、领导办公室或使用功能、人流量的不同而设计不同的规格和形式，有单门、双门、通透式、全闭式、推开式和推拉式等不同的档次和造型。在一个办公空间中可以设计多种形式的门，但其造型和用色应在一个基调下进行变化。

（2）窗的装饰　窗的形式直接影响整个建筑的外观，所以一般由建筑设计来完成。但现代建筑的窗面积较大，对室内装饰有很大影响。因此，从室内设计的角度来说，如何把窗装饰好仍是值得研究的。办公空间内立面装饰的部位不多，一组造型独特的窗户，有时对整体环境的装饰构成会起到十分重要的作用。常用的设计方法有以下几种：

1）设计有特色的窗帘盒、窗台板，甚至是整个内窗套。

2）设计或选用有特色的窗帘。窗帘由于面积大，可以选用艺术性强的图案和色彩，再加窗帘本身造型的多样化和具有透光效果，对美化整体环境，烘托气氛有不可忽视的作用。

3）为窗户设计有特色的通花栏网，一方面可加强窗户的防盗性，另一方面通过自然光的照射，使窗户有透光的装饰景象。

4）利用窗台的内外窗台摆种植物，既利于植物生长，又使窗户带有自然的景色。

183

（3）墙面的设计　办公空间的墙面通常有两种，一是由于安全和隔声需要设计的实墙结构，需要注意墙体本身重量对楼层的影响；二是用壁柜作为间墙的柜背板，这种做法需要注意隔声和防盗的要求。现代办公空间中，墙面往往是工作空间的一部分。文件柜占去了大部分的墙面，在剩余的面积上，往往还会悬图表、图片和样品等。所以，办公空间设计中有时可以刻意地留下一些空白的墙面，以使视觉上不感到拥挤。这也是办公空间墙面设计不同于娱乐空间和餐饮空间墙面之处，它不适合过多地装饰，更不适合使用大面积的造型或软包装饰。办公空间的墙面，往往考虑如何进行饰面处理和留下空面，可挂些字画和艺术照片等，以增加艺术气氛，如图 11-19 所示。

图 11-19　某游戏公司的墙面

常见的墙体饰面材料有墙纸、乳胶漆、板材饰面、防火板、人造砖材和玻璃间壁等，根据各种材料的特点进行设计会产生不同的办公空间装饰效果。例如墙纸的图案变化多，色泽丰富，通过印花、压花和发泡等方法可以仿制许多传统材料的外观，甚至达到以假乱真的地步，它除了美观外，也有耐用、易清洗、寿命长和施工方便等特点；质量好的乳胶漆涂膜平整光滑、质感细腻，具有高遮盖力、强附着力，极佳的抗菌及防霉性能，优良的耐水耐碱性能，涂膜可洗刷，光泽持久；人造砖材是有各种规格、质感、色彩和图案的方形或条形砖，其特点与石材相近，但因其块面较小，除在卫生间和一些易潮湿的墙面使用之外，其他地方用得不多。下面以玻璃间壁为例介绍办公空间墙面设计思路。

除少量必要的实体墙壁之外，一般工作室较流行使用玻璃间壁，特别是走廊间壁。其原因有三点，一是领导可对各部门一目了然，便于管理；二是各部门之间便于相互监督与协调工作；三是可以使同样的空间在视觉上显得更宽敞。所以，玻璃间壁是现代办公空间设计中立面设计常用的方法。以下是常见的玻璃间壁形式及其特点：

1）落地式玻璃间壁。如图 11-20 所示，玻璃间壁简洁、通透、明亮。因其面积大，故应使用较厚的玻璃（12mm 或以上，如造价允许，最好用钢化玻璃）。这种间隔往往不是直接落地，而是安在高 100～300mm 的金属或石材基座上，基座的作用是防撞和耐脏。使用这种间壁的前提是室内空间宽敞，家具布置最好能与玻璃间壁有一定距离，否则紧靠玻璃的家具面不易清洁，在玻璃外面看就会更显脏乱。

2）半段式玻璃间壁。即在离地 800～900mm 高度以上做玻璃间壁，下面可做文件柜，也可做普通墙壁。这种形式的间壁与落地式玻璃间壁具有相似的优点，较适合空间紧凑的办公室，既可紧靠间壁下部摆设家具，也可增加文件储存的空间，但在通透宽敞方面则不如落地式玻璃间壁。

3）局部式落地玻璃间壁。即在间壁的某部分做落地式或半段式玻璃间壁，如图 11-21 所示。此形式的优点是能保留一定的墙壁或壁柜空间，也可留下通透的位置。但在通透和视觉宽敞方面不如前二者。

图 11-20　落地式玻璃间壁

图 11-21　局部式落地玻璃间壁

以上间壁，均可在实体墙壁或玻璃部分做各式金属的通花格造型，以增加豪华感。在玻璃表面，还可进行局部喷砂或贴各种带花纹的透光窗纸，也可在玻璃部位悬挂各式窗帘。

（4）壁柜的设计　近年来，办公空间较流行使用壁柜进行空间间隔，原因一是可以减少占地空间，增加存储空间；二是壁柜与墙形成一体，室内空间更简洁；三是柜子从既装饰又实用的双重功能已变成更注重实用功能，因而不再需要太突出柜子本身，如图 11-22 所示。壁柜设计，一定要先确定存放的文件和物品的规格、重量及存放的形式，对文件与物品的规格要认真统筹，设计时尽量减少空间的浪费，以最佳的方法设计出各种不同规格的内空间；外观上要尽量使常用的文件和物品一目了然；需要对外展示的文件和物品需有专门的展示层格，必要时还要考虑展示的照明，并加装玻璃门以防尘。

图 11-22　壁柜

（5）柜台　在某些办公空间中（如银行、税务所等），柜台不但因功能需要不可缺少，而且因所处的是大堂或门厅中的正中位置，所以是企业形象的一个重要部分，如图 11-23 所示。

柜台首先要满足其设备安置和工作使用的要求，其次满足资料的存放和取出等。另外还要考虑顾客对柜台使用的要求，如顾客等候和休息的位置等。柜台的造型一般应以稳重大方为主，也可具有新意，起到加强和美化企业形象的作用。柜台因其重要性用料上往往比较考究，要求经久耐用，还要注意耐湿和易清洁。因此一般使用石材和高档木材较多，或就不同部位使用的不同要求，分别使用不同的材料，如木柜身搭配石材柜脚和台面，或木结构镶嵌高级石材或金属包边等。

图 11-23　某证券公司柜台

11.3　办公空间设计的色彩

室内色彩设计的一般要求详见第 4 章，针对于办公空间的色彩设计有一些具体的要求。

11.3.1　办公空间的色彩运用对人的心理的影响

1. 办公空间的不同色彩会引起不同心理联想

一般来讲，办公空间的色彩应根据上浅下深的原则来处理。例如自上而下顶棚最浅，墙面稍深，地面最深。这样给人的重量感是上轻下重，符合稳重的原则。但随着时代的变迁，人们对办公空间的要求也大大不同了。在现代的办公空间中，色彩功能设计有举足轻重的地位。整个白天中，每个员工都要受到它的影响，工作的质量和效率都取决于它。因此现代的设计师会尝试打破惯例，大胆地运用一些颜色的搭配来刺激办公人员的心理。例如炽烈似火红色的，容易引起人的注意，但是在办公空间中应慎重使用；黄色是明度等级最高的色彩，会使人联想到光芒四射、生机勃勃，在办公空间中使用黄色为主调色时，应注意调整它的饱和度与明度；绿色是大自然中最常见的色彩，人们把它作为和平与生命的象征，会让人在心理上有平静、放松和富有活力的感觉。因此，在办公空间的色彩运用上，很多设计师都喜欢在空间里添加绿色植物作为摆设，给办公空间添加生气与活力的同时，还可以吸走电脑发射出的紫外线，降低辐射，过滤办公空间的空气，帮助办公人员清醒头脑和提高工作效率。

2. 办公空间的不同色彩对比和搭配会引起不同心理效果

休闲空间的色彩设计在办公空间的设计中是十分重要的，其中，对比色在休闲空间色彩设计中占有重要的地位。强烈的色彩对比能刺激视觉，对于那些已经工作疲劳的办公人员来讲，富有色彩对比的休闲空间，就是一个可以在短时间内放松自己，激发精神的地方。因此色彩对比的运用是办公空间色彩设计不可缺少的一部分。

如图 11-24 所示，这家设计公司的办公室的色彩搭配比较活泼，不像传统的办公空间那样大部分采用深色。当然，作为办公空间来讲，色彩关系和谐是第一位的，但这不等于沉闷和单调。对比是需要的，主要是应掌握好对比的程度。除此之外，现代办公空间的色彩搭配都趋于鲜明、大胆，甚至于大面积使用原色，设计者也要在色彩搭配上打破过去的框框，做一些大胆的尝试来刺激使用者的办公情绪。

图 11-24　色彩对比运用

3. 办公空间的色彩可以改变人对空间大小的感觉

色彩可以左右人们对办公空间与光线的感觉，可以表达冷暖、新旧和远近，哪怕是细微的色调改变，也可以使整个办公空间变得更温暖或更宽大一些。用浅色与灰色遮光在感觉上可以使小的办公空间变大。把色调变得明亮一些，办公空间自然也随即变得宽大一些；当光线不足的时候，深色调加重，办公空间自然地也会变得狭小一些。

11.3.2　常用的办公室色彩搭配

色彩运用的一条重要规律是和谐，平衡便可取得和谐。色彩的和谐能使办公空间的色彩搭配更加趋于合理，使各种色调融洽地相互结合。一般来说，办公空间和工作场所的色彩应能使人冷静而不单调。

1. 单色相在办公空间色彩设计中的运用

单色相，顾名思义即选择一种适当的色相，使室内整体上有一个较为明确和统一的色彩效果。在设计中，应充分发挥明度与彩度的变化作用，以及白、灰和黑色等无彩色系色彩的配合，把握好统一而适度的色调，这样就能够创造出鲜明的室内色彩氛围并充满情趣。有了较为明确的色彩倾向，色彩的表现特征才会显现出来，如图 11-25 所示，整个室内空间显得明快、开阔，气氛高雅。这种单纯的、柔和的、中性色系的单色相色彩设计的应用，在医院、博物馆和展览馆等的室内色彩设计中比较多见。

2. 邻近色在办公空间色彩设计中的运用

邻近色对比用于办公空间要比同种色对比的色相感明显，显得丰富和活泼，并能保持其明确的色相倾向与统一的色相特征。比如黄、绿味黄、橙味黄等组成的黄色调，有雅致、柔和的特点，如图 11-26 所示。

图 11-25　单色相在办公空间的运用

3. 类似色在办公空间色彩设计中的运用

类似色用于室内的色彩设计中，会使人感到有一种在统一中求变化的视觉效果，在运用类似色的同时也可以适当加入无彩色系的色彩予以配合，如图 11-27 所示。

图 11-26　邻近色在办公空间的运用

图 11-27　类似色在办公空间的运用

11.4　办公空间设计的风格与创意

创造性是设计的灵魂。创造性可以是功能的创造性开发，也可以是材料和技术的创造性运用，这些工作往往包含着众多学科技术的研究开发成果，并非设计师自己所能完成。作为设计师，更重要的任务是在消化这些成果的前提下，为用户创造出一种新的空间形象。

不同用途的室内空间具有不同的特色，如商场有商场的格局，酒楼有酒楼的特色，办公空间在形式上同样有自身的风格。但特色、特点和风格都是抽象的概念，因为不同行业和不同性质的办公室还有各自的特色，而且就算是同一性质或同一单位的办公室，不同的空间仍然千姿百态。因此，办公空间的设计风格和创意应注意以下几点：

1. 办公空间的使用功能决定其布局形式

办公空间特有的家具、设施和布局与其他场所不同，这是进行办公空间设计的一个重要前提。顶棚、地面图案和门窗等的设计均需围绕这个前提展开，这就是其装饰特色的框架。

2. 办公空间设计应体现企业形象

不同企业具有不同的工作特点，需要不同的工作情调，这是形成装饰风格的基础，这一点在设计中尤为重要。如法院和时装公司的设计主调定会截然不同。在确定设计的主调之后，一切装饰设计都要围绕主调进行，这样有利于增强企业形象的整体性。

3. 办公空间设计以大方、实用和简洁为主

办公空间首先是一个工作场所，人在其中的主要目的是工作，其装修特色应以大方、实用和简洁为主。豪华复杂的造型、斑斓的色彩和动感的线条，都会影响员工工作的专注性。

4. 办公空间内细节设计与整体设计应相辅相成

有些部位（如文件柜、门、照明等）可运用重复的形式构成整体的装饰气氛。

5. 办公空间设计应体现形态韵律感

形态韵律感在办公室的装饰中尤为重要，原因是办公室装饰以功能形态为主，柜子不能成为雕塑，间壁不宜都作壁画，但却可以通过环境和局部富有韵律感的造型与布局，塑造一个美好的空间。

6. 应正确理解办公空间的设计创新

办公空间设计的创新往往不是惊天动地的创造，而是对一个实实在在的工作环境进行精心塑造。有时局部的创意就可营造出大环境的新面貌。

11.5 办公空间设计案例

该项目是韩国三星投资管理公司的办公空间设计，建筑面积 2156m^2，占用一幢大厦的四个楼层，如图 11-28 所示。入口处设有会客室和休息室，这对于营造公司安全可靠的形象和信任度是很重要的。设计师舍弃了司空见惯的深色调设计，采用了柔和的色调及绿色装饰材料，突出了现代味十足的设计理念。华美的灯光设计赋予了整个空间一种雍容美，创造出一个舒适、安逸的环境。整体设计效果别致，极富感染力。

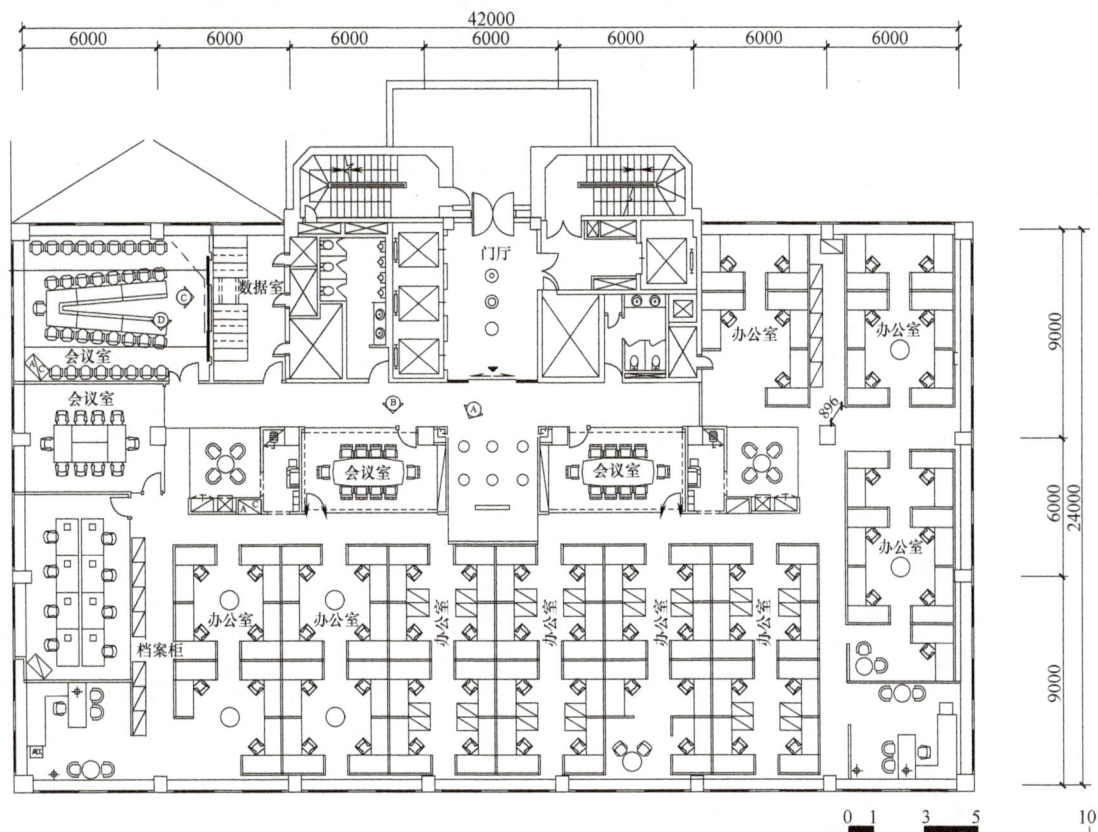

图 11-28 某层平面图

　　入口处主要由接待台、企业标志、招牌和客人等待区等部分组成。它是一个企业的门面，其空间设计要反映出一个企业的行业特征和企业管理文化，如图11-29所示。

　　会客室是企业对外交往的窗口，设置的数量、规格要根据企业公共关系活动的实际情况而定。接待室要提倡公用，以提高利用率。接待室的布置要干净美观大方，可摆放一些企业标志物和绿色植物及鲜花，以体现企业形象和烘托室内气氛，如图11-30所示。

图11-29　入口图

图11-30　会客室

　　办公室的装修风格首先需考虑与整个建筑的风格相协调，色彩的选择应尽可能简单、明快，符合现代人的心理需求。除总经理办公室、财务室和一些特别的会议室外，多采用全通透或者半通透的隔断，既可以增加企业融合力，方便交流，也便于员工互相监督。

　　办公室采用矮隔断式的家具，将数件办公桌以隔断方式相连，形成一个小组，可在布局中将这些小组以直排或斜排的方法进行巧妙组合，使其设计在变化中达到合理的要求。办公空间要重视个人环境，提高个人工作的注意力，就应尽可能让个人空间不受干扰。根据办公的特点，应做到人在端坐时可以轻易地环顾四周，伏案时则不受外部视线的干扰而集中精力工作，如图11-31所示。

　　一般来说，每个企业都有一个独立的会议空间，主要用于接待客户和企业内部员工培训和会议之用。它也是现代办公空间装修设计的重点。会议室常设置白板（屏幕）等书写用设备，有的还配有自动转印设备和电动投影设备等。中小会议室常采用圆桌或长条桌式布局，与会人员围坐，利于开展讨论。会议室布置应简单朴素，光线充足，空气流通，可以采用企业标准色装修墙面，在室内悬挂企业旗帜，或在讲台、会议桌上摆放企业标志物，以突出本企业特点，如图11-32所示。

图11-31　办公室

图11-32　小会议室

思　考　题

1. 办公空间的功能有哪些？怎样理解这些功能？

2. 简述不同类型办公空间各自不同的设计要求。

3. 办公空间设计功能区域应该怎样安排，为什么？

4. 办公空间的室内设计程序及其各自应完成的任务有哪些？

5. 结合设计实例，谈谈办公空间的设计风格和创意应注意哪些方面？

参 考 文 献

[1] 张绮曼，郑曙旸. 室内设计资料集［M］. 北京：中国建筑工业出版社，1991.

[2] ［韩］建筑世界出版社. 办公空间［M］. 邓庆坦，解希铃，俞香春，刘仁健，译. 济南：山东科学技术出版社，2004.

[3] 邱晓葵，吕非，崔冬晖. 室内项目设计：下册［M］. 北京：中国建筑工业出版社，2006.

[4] 汤重熹. 室内设计：第 2 版［M］. 北京：高等教育出版社. 2008.

[5] 邓宏. 办公空间设计教程［M］. 重庆：西南师范大学出版社. 2006.

[6] 许亮，董万里. 室内环境设计［M］. 重庆：重庆大学出版社. 2003.

[7] 莫钧，杨清平. 公共空间设计［M］. 长沙. 湖南大学出版社. 2009.

第 12 章　娱乐空间设计

12.1　娱乐空间概述

12.1.1　娱乐空间的含义

娱乐空间顾名思义是指人们娱乐活动的场所，是人们聚会、用餐、欣赏表演、交流情感及放松身心的地方。从古到今，娱乐活动随着时代的进步、文明的发展及生活水平的提高而不断发展着。人类的娱乐场所从古时的围坐篝火发展到酒吧、歌舞厅、桑拿、健身、俱乐部和会所等。随着人类社会活动的日益丰富，娱乐活动场所也大规模地出现，因此如何设计不同特色的现代娱乐空间是设计师需要探讨的问题。

娱乐空间设计是综合各种因素而进行的创作活动，如室内空间设计、材质运用、光环境和声环境等，每个元素都至关重要。娱乐空间的设计是直觉、感性和灵感的创作过程。

12.1.2　娱乐空间的类型

娱乐空间包括文化娱乐空间（如卡拉 OK、歌舞厅、电影院、游乐场等）和俱乐部、会所、健康中心等，以及酒吧、茶馆类等。

1. 文化娱乐空间

文化娱乐空间主要指歌舞厅、酒吧、卡拉 OK 等综合型服务场所，它往往综合了歌舞表演、跳舞和唱歌等功能，是目前娱乐空间的主流。

2. 俱乐部、会所、健康中心

俱乐部、会所是某项运动的爱好者或某类从业者的聚会交流场所。俱乐部和会所的主要功能是活动，聚会交流，餐饮及休闲保障，文化娱乐表演所占的比例相对较低。

健康中心广泛地存在于商业休闲场所中。独立的健康中心提供各种健身和保健服务，主要内容有健身、沐足、保健按摩、桑拿等，如图 12-1 所示。

3. 酒吧

"吧"本义是指一个由木头、金属或其他材料制成的台子，长度超过厚度，这种台子是酒吧的特色之一。在这样的柜台后面，服务人员向顾客出售各种酒和饮料。现在的"吧"指的就是其中有这样一个柜台的屋子或类似结构。

一般顾客进入酒吧后都不愿意选择离入口太近的座位，设计出转折的门厅和较长的过道可以使顾客踏入店门后在心理上有一个缓冲地带，淡化座位优劣选择之分。酒吧室内色彩浓郁深沉，灯光设计偏重于幽暗，整体照度低，局部照度高，主要突出餐桌照明，使环绕该餐

图 12-1　会所

桌周围的顾客能看清桌上放置的东西，对餐桌周围的
人依稀可辨，而从厅内其他位置看过来却有种朦
胧感。

　　酒吧的装饰风格可体现很强的主题性和个性，可
使用古怪离奇的原始热带风情装饰手法，或使用体现
某个历史阶段的故事、环境的怀旧情调装饰手法，或
以某一主题为目的，综合运用壁画、陈设及各种道具
等手段进行带有主题性色彩的装饰。

　　酒吧以其轻松惬意，灵活自由的氛围赢得了人们
的青睐，成为人们交流聚会、休闲放松的重要场所，
如图 12-2 所示。

4. 其他娱乐空间

　　娱乐的形式多种多样，无法一一列举，如果酒吧
代表的是西方文化的话，那么近期兴起的茶室则是东
方文化的表现，其余如游乐场、电影院，如图 12-3 所示。

图 12-2　酒吧

图 12-3　电影院

12.2　娱乐空间的布局和特点

各种不同的娱乐场所有其各自的特点。会所类娱乐空间的布局受其使用性质及规模影响，布局往往各不相同，共性的东西相对较少；而歌舞厅则兼具了卡拉 OK 和酒吧等功能，在布局上有一定的规律，因此主要以歌舞厅为代表来分析其布局特点。

12.2.1　歌舞厅的平面布局与空间划分

歌舞厅的功能区域包括：舞台、舞池区；散座、卡座区；酒吧区；卡拉 OK 区；辅助功能区等。舞台、舞池、酒吧、散座和卡座一般设于大厅内。有条件的歌舞厅可将大厅分为主厅和若干小厅，分别进行各式特色表演或设置酒吧，而卡拉 OK 区则由独立的房间组成，与大厅形成一动一静两个大区块，如图 12-4、图 12-5 所示。

图 12-4　歌舞厅

图 12-5　歌舞厅的散座和卡座

大厅布局以舞台及舞池为中心。现在许多歌舞厅的音乐控制室是与舞台或舞池相连的开放式布局，以方便音响师们对现场气氛的控制和参与；在一些迪斯科舞厅中还设置各式领舞台，以带动舞厅气氛。散座及卡座的布置应以组团为单位围绕舞区布局，组织上较灵活自由。散座可以是小圆台、条形桌或西餐桌等各种形式，桌椅的形式根据设计需要也可以形状各异。酒吧可以设在大厅内适当的位置，它是大厅内的一个重要部分，可以设计成各种形状，如条形、环岛式等。有的歌舞厅在大厅中设置一主一副两个舞池，相互呼应，空间层次更丰富。

在卡拉 OK 包房区的布局中，走廊是其中最关键的因素。在设计中应尽可能避免直线式布局，设计中经常使用局部变化、转折凹凸等手法使走廊空间富于变化，从而给人们变幻无穷的感觉。另一点是各包房的出入口应避免直对走廊。

歌舞厅的空间规划是指利用各种装修手段进行空间界定。最常见的是地面高差的变化，在不同标高的平面上布置各种功能，一方面丰富了空间层次，同时又自然划分了功能区域；其次是顶棚的变化，多数歌舞厅都是局部做顶棚处理来限定某一特定的空间区域；在竖向空间中，通过栏杆、各式构件、块面和灯柱等进行空间分隔，通过构件的穿插、转折以及楼梯的设置，打破原有空间的均衡，形成动感强烈的娱乐空间；在空间高度许可的情况下，还可采用设置夹层的方式，使空间效果别开生面。因此，对歌舞厅的设计，要着重考虑以下几点：

1. 平面布局和空间划分的合理性

如图12-6所示歌舞厅设计要考虑舞厅各功能区域规划的完善性与实用性，各项设施要符合人性化要求，给人以美的享受，同时要考虑业主的期望。如座位区与舞池的位置安排，顶棚的高低、隔断处理，动与静的分隔，人流趋向以及安全问题等。

图12-6　歌舞厅平面布局与空间划分

2. 歌舞厅功能区域的面积分配

如果以一般的规模来划分功能区域面积，舞池面积占总面积的20%左右，坐席面积占总面积的45%左右，其他面积占35%左右。

3. 歌舞厅的隔声与吸声

歌舞厅常常依附于酒店、会所或综合大楼等建筑，因此，歌舞厅室内设计的隔声与吸声问题就显得十分突出。设计中应该注意以下几点：

1）墙面要使用吸声毯。

2）尽量封闭窗户或减少窗户，并注意使用隔声性能好的铝合金窗，以双层窗为首选。

3）选用封闭性能较好的门，或选用能隔声、吸声的大门。

4）选用吸声性能较好的家具，如布艺沙发或皮革沙发。

5）地面除舞池外，多用地毯。

隔声和吸声的方法很多，在歌舞厅设计中需要综合考虑创意效果和隔声与吸声的问题，使二者有机结合，取得良好的视听效果。歌舞厅虽小，同样也需要有一个合理的混响环境，在进行室内设计时要考虑声学效果。

4. 歌舞厅顶棚的特点

绝大多数歌舞厅的顶棚都以满足灯光布置为先，不作多余的造型变化，且舞厅由于必须利用灯光的投射、晃动和滚转于地面制造效果，故顶棚多数以黑色为基色，尤其是迪斯科舞厅，如图12-7所示。

图 12-7　歌舞厅顶棚

12.2.2　酒吧的平面布局与空间划分

　　酒吧的布局是以吧台为中心，配以各式散座、卡座等，有条件的可以设置一些如美式桌球、飞镖等活动场地，有乐队表演的酒吧会更受欢迎。

　　酒吧布局中最重要的是因地制宜。由于功能的单纯，使得如何利用空间成为设计的重点，许多酒吧占地面积不大，但通过布局中的对比、衬托等手法而获得了理想的空间效果。下面介绍两种常见的酒吧类型。

　　1. 传统格调的酒吧

　　传统格调的酒吧设计需考虑以下几点：

　　1）凝重精致的室内装饰，贵重的摆设。

　　2）古典的传统纹样装饰。

　　3）庄重、优雅和宁静的气氛。

　　4）厚重的木材形成沉稳的色彩格调。

　　5）考究的传统手工家具式样。

　　古典的造型元素能使人们产生敬畏的情绪，以及给人豪华的感觉。

　　2. 现代感格调的酒吧

　　现代感格调的酒吧设计需考虑以下几点：

　　1）以高洁的设计元素来处理空间形态造型。

　　2）大胆使用现代科技成果和新材料。

　　3）注重利用色彩、形态、肌理和材料进行对比。

　　4）追求现代装饰工艺和技术手段的结合，营造"酷"的形象。

　　5）使用前卫和流行的家具。

　　现代的造型元素会使人们产生时尚的情绪，以及给人流行的感觉。

12.2.3　桑拿或健康中心

桑拿或健康中心的设计一般由入口接待、更衣、水区、休息区和保健按摩区等组成，许多功能空间相互关联、交叉。因此，交通流线的组织成为桑拿设计的生命线，如图 12-8 所示。

1. 接待大厅

接待厅作为桑拿或健康中心欢迎和接待客人的过渡空间，室内设计要注意大方、亲和、豪华，创造一种轻松、休闲的艺术氛围。

2. 通道与门

注意各功能区之间的通道和门的方向。如更衣室的门必须有屏风或间墙拐弯，门打开后，任何方向都不能由门外看见门内的人；又如工作人员的专用通道要避免与客人通道交叉或共同使用等。

3. 湿区

图 12-8　健康中心

湿区也称为水区或设备区，该区包含的保健内容较多，如干蒸（桑拿房）、湿蒸（蒸汽房）、冲凉房、水池（一般设热水池、常温池和冷水池三种）、擦背区和卫生间等。

在湿区室内设计应注意空间的通透宽敞效果，光线要比较明亮，追求自然景观的空间效果，常使用瀑布、流水、山石、椰树、热带雨林等景观处理。如果桑拿、健康中心因建筑楼层的影响和限制，空间相对较小的，则可选择应用欧洲仿古的室内风格作装饰处理，如图 12-9 所示。

4. 休息区

休息区是桑拿中休息等候的空间，也是交通流线组织中的枢纽。设计上应以其为中心，通过休息区连接更衣、水区及按摩区。光线柔和、气流通畅，装饰优雅休闲是该区

图 12-9　湿区

主要的设计要点。休息区内要保证每个客人能在各自的位置上看到影视节目。现在许多追求现代感，注意个性风格桑拿或健身中心的休息区甚至采用先进的科技手段，使每位顾客在自己的休息椅上有个人专用的小型影视设备，自由选择节目播放，具有很强的个人娱乐性。设计时还要考虑服务人员的流线组织，力争避免流线交叉、走回头路或交通流线过长等现象。

5. 陈设品与绿化布置

在桑拿或健康中心里常常有一些陈设品与绿化布置，要注意风格品位，即通过陈设品的选择布置，给客人以一种健康、高素质的文化艺术熏陶，切忌使用粗俗的陈设品。

12.3 娱乐空间环境设计内容及步骤

在娱乐空间环境气氛营造上，歌舞厅是最具代表性的，同时它们也涵盖了卡拉 OK 和酒吧等空间的特点。因此以歌舞厅为重点来分析娱乐空间的设计步骤。

12.3.1 设计定位

1. 确定设计主题

空间意象是空间整体环境给人们的印象，也是空间整体蕴涵的主题。空间意象是设计构思中立意的反映，恰当的立意是歌舞厅设计的灵魂。歌舞厅设计应根据歌舞的性质，服务的对象，经营方面的特点及设计者的灵感来确定设计主题。

2. 设计风格突出、特色鲜明

根据不同的设计主题，比如梦幻太空、原始风格、异域风情、网络时代、神秘旅程及时光隧道等，创造出不同的歌舞厅风格和形式感。众所周知，风格突出、特色鲜明的歌舞厅是深受消费者青睐的，因此娱乐空间设计的风格是至关重要的因素，它关系到设计定位的总体方向。

12.3.2 初步设计

1. 初步设计的含义

初步设计就是设计师将自己的想法由抽象意念变为具体的一个非常重要的创造过程，是将思考、构思转化为现实图解，推敲方案的过程。在这一过程中，设计师不断展开、深入、综合和简化设计内容。

2. 初步设计的方法

在初步设计阶段，首先是绘制草图。设计师的思维在此过程中往往随心所欲、天马行空，信手拈来，随手即画，在草图上记录各种文字注释和尺寸，并且画出结构剖面图和着色，让稍纵即逝的创作灵感和火花及时被记录。因此要养成快速绘制草图及记录的习惯，掌握其技巧。

初步设计这一阶段，应以整体设计定位的构想为主线，从整个空间角度来审视各功能区域的轮廓和形态，以草图表现空间大概设想的外观结构造型与娱乐室内的动态感觉。可以使用意念夸张的手法强调自己的感觉和设计，使设计意象更明确，同时应避免一开始就拘泥于某部分细节。

12.3.3 深入设计

初步设计的许多构想方案草图，必须经过筛选后，选择出较为符合业主意图的、艺术性较强且实施较为简便的方案，以便设计师进一步深入和完善，即进入通常所说的深入设计阶段。这个阶段需要完成的工作有：

1）确定总体布局，设计绘制平面布置图、顶棚布置图。

2）绘制立面图、剖面图和大样图等。

3）确定总体艺术倾向及格调，绘制效果图。

12.3.4　灯光与音响设计

1. 灯光设计

娱乐空间除了空间本身的装饰设计以外，最重要的就是灯光与音响设计。在娱乐空间中，灯光的应用是渲染歌舞厅气氛的重要因素，"光是空间的魔术师"这句话是渲染歌舞厅环境的真实写照。在歌舞厅灯光设计中，主要分为专业设计的舞台照明、普通照明和装饰灯光效果。

光需要载体，要运用空间的变化转折去雕塑光影的变化，运用材质的不同去创造照明的质感，运用色彩变化去展现光的魅力。好的灯光设计原则就是创造性地、艺术性地使人们充分体验到美的享受。灯光设计需体现以下几点：

1）新奇感。灯光时而转动，时而滚动，时而闪烁，时而起伏，并且随着音乐的节奏变化颜色、亮度和射出形态的变化，给人们以惊喜。

2）梦幻感。用音乐和灯光制造出一种如梦如幻的气氛，使人们能得到充分的休息。令人彻底放松，朦朦胧胧的感觉悠然而起，仿佛自己置身于梦幻之中。

3）动感。灯光设计通过时慢时快、时缓时急和光影交叠，制造出强烈的动感气氛。

2. 音响设计

在娱乐空间中，音乐将人们对环境气氛的感知提高到一个精神高度，在技术手段上可以根据空间的形状和大小确定适合的混响时间，在空间设计中恰当处理声音的反射与吸收，以获得最佳的音质。

12.3.5　材料与色彩

材料与色彩的选用始终贯穿于娱乐空间的设计过程之中，是表达设计意图最直接的元素。

1. 材料的选用

在歌舞厅等娱乐空间中，材料的选用与灯光环境有着密切的关系。一般灯光明亮或近人处使用较好的材料，而昏暗处则可使用稍次的材料。另外由于娱乐空间的商业特性及追赶潮流的行业特点，其空间环境 3~5 年内就会因时尚的变更而更新，因此在设计选材上一般不宜多用高档材料，而往往选用性价比高的材料，只要通过表面的处理能达到需要的效果即可。比如采用夹板进行造型，表面用各种涂料进行涂装等。

2. 色彩的选用

娱乐空间色彩的选用应与娱乐空间主题相呼应。有经验的室内设计师往往根据空间主题确定色彩基调，或古朴自然、或热情奔放、或突出原始情调、或创造高科技感觉，利用色彩对人生理和心理的作用，以及色彩引起的视觉联想和情感效应，创造出富有特色、层次和美感的色彩环境。对重点部位可以施以相对醒目的颜色，如入口空间，具有标志性质的招牌、墙面、装饰物和空间中的焦点位置等。一些平时需要慎重使用的颜色在娱乐空间中却能如鱼得水，选用后常能取得事半功倍的效果。

12.4　娱乐空间的设计要点

设计从构思开始，设计创意表达在图样上；然后通过物质技术手段实施，最终成为现实。通过设计师的精心构思，巧妙组织各种元素，使其达到对设计构思的理想表达。设计的要点总结如下：

12.4.1　设计手法灵活自由

新颖的构思和独到的创意对娱乐空间设计非常重要。娱乐空间是体现设计师创造性的舞台，在娱乐空间设计中手法应灵活自由，不拘泥于一般形式，应力求使人们感受到自由、新奇与舒适。

自由、新奇应体现在设计的构思素材上，并与空间元素紧密、巧妙、合理地结合利用。如玛雅文字、埃及金字塔、石柱、石雕、远古恐龙和外星太空等既出乎意料又在情理之中的设计素材往往可组成独特的魅力空间。在空间组织上尽量转折变化，产生丰富的层次，避免一览无余、简单的直线形方式。应多采用虚、通、透等富有弹性的空间组织方式，有目的地运用遮挡、曲折、迂回和借景的手法形成梦幻的空间状态。

12.4.2　声、光、电等技术有机结合

娱乐空间应提供视觉、听觉及精神上的享受，因此除了空间环境装饰外，灯光和音响设计也是重要的环节。为达到设计效果，可根据不同灯具的特点进行选择，使歌舞厅中出现绚丽多彩的光影和震撼的音乐，使声、光、电等技术有机地结合。以下是歌舞厅中常见的灯具：

（1）转盘灯　利用转盘的转动使灯光的色彩不断发生变化。

（2）蜂巢灯　大型灯具，如蜂巢般多灯头并列，各色灯光从"蜂巢"洞中射出。

（3）频闪灯　通过控制可按频率或配合音乐节奏闪动。

（4）LED灯　属发光二极管类，可在线状的透明条中也可在方块状集合形中闪亮。能形成线性图案也可形成块面图案，图形变化莫测。

（5）霓虹灯　根据霓虹管内所充的气体不同，可形成各种不同色彩的光，能形成线性图案也可形成块面图案图形，经常组合使用。

12.4.3　注重材料的选用

娱乐空间装饰材料的选用有以下一些技巧：

1）少用过多的贵重材料，可选用替代贵重材料的新材料，达到设计效果即可。

2）使用给人先进性和现代感的新型材料。

3）使用具有自然特性的材料。

4）可在需要时使用非常规性材料。

12.5　娱乐空间设计案例

本案例是郑州橄榄树装饰公司设计的许昌禹州魔幻帝国 KTV 娱乐会所，如图 12-10、图 12-11、图 12-12 所示。

图 12-10　门头

图 12-11　外立面

图 12-12　大厅

本方案的设计思路是运用三角镜的反射和灯光的照射，形成一个魔幻的光影世界。整个外立面以万花筒三角造型元素为主，门头中央用圆形 LED 点光源组成一个动感十足、绚丽多彩的超大显示屏，显示屏周围用发光灯片做成不规则的三角几何造型，经过不断变换的灯光颜色的照射和反射，形成一个光影变化万千的魔幻世界。

大厅设计紧凑而精巧。利用三角造型镜面、玻璃和钛金材质，从墙面直升到顶棚的云石灯柱经过顶部金色玻璃的反射延伸后，巧妙地减弱了原有空间的压抑感，营造出了一种高耸入云的磅礴气势。发光云石柱、墙面的三角造型镜、顶棚与墙面的发光玻璃造型，加上灯光的照射和大量镜面产生的互相折射和反射，达到了一种非常迷离和魔幻的效果。

思 考 题

1. 娱乐空间通常怎样分类？有哪些常见类型？
2. 娱乐空间的设计步骤应当怎样进行？在材料选择上应注意哪些方面？
3. 谈谈你熟悉的娱乐空间及它们的特点。
4. 谈谈色彩及灯光在娱乐空间中的运用。
5. 假如接到一个小型酒吧设计任务，谈谈你的设计想法。

参 考 文 献

［1］汤重熹. 室内设计：第 2 版 ［M］. 北京：高等教育出版社，2008.

［2］尤逸南、武峰. 室内装饰设计施工图集 ［M］. 北京：中国建筑工业出版社，2005.

［3］周昕涛. 商业空间设计 ［M］. 上海：上海人民美术出版社，2006.

［4］马丽. 环境照明设计 ［M］. 上海：上海人民美术出版社，2008.

［5］室内人网站：www. snren. com.